BEST OF CLASSIC DRIVER

25 JAHRE EDITION

DELIUS KLASING VERLAG

INHALT

INTRO

How to be a Classic Driver

Als *Classic Driver* im Jahr 1998 online ging, war das Internet noch Neuland. Zum Jubiläum blickt Chefredakteur Jan Baedeker zurück auf die Entstehungsgeschichte von *Classic Driver* – und 25 bewegte Jahre Automobilkultur.

Text: Jan Baedeker

Classic Driver ging am 16. Februar 1998 online. Es war der Höhepunkt der New Economy, der Wert der Technologiebörse NASDAQ hatte sich in wenigen Jahren vervielfacht, die Dot-Com-Blase wuchs ungebremst, täglich gingen neue Webseiten ins Netz.

Erst wenige Monate zuvor hatten die Informatiker Larry Page und Sergey Brin an der Stanford University eine Suchmaschine namens Google in Betrieb genommen – doch unsere Portale zum World Wide Web hießen noch immer Netscape Navigator und AOL. „Bin ich schon drin?", fragte Boris Becker in einem TV-Spot die neue Wundermaschine auf seinem Schreibtisch, während er nervös auf seiner Maus herumdrückte. Wo das Internet begann, und was man in dieser schönen neuen Welt anfangen sollte, war noch niemandem ganz klar. Wir saßen in einem gläsernen Konferenzraum mit Blick über die Hamburger Binnenalster, tippten pausenlos Textnachrichten in unsere Klapptelefone und übten die neuen Buzzwords der Internetökonomie. Im Palisanderholz des Konferenztisches war ein gewaltiges @-Zeichen aus Aluminium eingelassen. Wir alle waren uns sicher: Die digitale Revolution hatte gerade erst begonnen.

Wir standen mit einem Fuß in der Zukunft. Doch die Welt, mit der wir uns bei *Classic Driver* beschäftigten, war geprägt von Tradition und Geschichte. Unser Firmengründer Alexander Knapp Voith hatte unter dem Namen Car & Driver bereits seit 1983 besondere Automobile für Kunden im Mittleren Osten und in aller Welt mit Kaninchenfellen und französischen Polsterstoffen, Marmorfußböden und Atari-Spielkonsolen individualisiert. Als das Interesse an maßgefertigten Autos nachließ, schuf er 1991 zusammen mit dem Hamburger Architekten Hedi Teherani einen modernen Glaspalast, in dem Aston Martin, Lagonda, Bentley und Rolls-Royce erstmals wie Luxusgüter präsentiert und gehandelt wurden. Nun hatte ihn das Internet-Fieber gepackt. Das Hauptquartier lag in Hamburg, bald folgten Ableger in London und Paris. AKV, wie unser Gründer in den Geschäftsräumen ehrfürchtig genannt wurde, trug stets britische Maßanzüge und rahmengenähte Schuhe, die leicht getragen aussehen mussten, sowie eine Vintage-Rolex mit Stahlarmband, und rollte morgens mit einem dunkelgrauen Bentley Continental T in die Garage, den man schon von weitem am Blubbern des Achtzylinders erkannte. In seinem Büro lehnte meist ein Richard Prince oder Peter Doig, den sein Galerist Jürgen Becker vorbeigebracht hatte, und auf dem Glastisch stapelten sich Auktionskataloge, obenauf mitunter ein Lyrikband von Joachim Ringelnatz: „Schenke groß oder klein, aber immer gediegen. Wenn die Bedachten die Gaben wiegen, sei dein Gewissen rein."

Ich selbst, Anfang 20 und ordentlich grün hinter den Ohren, hatte als Redaktionspraktikant bei *Classic Driver* angeheuert – und durfte den Bentley bereits an einem der ersten Tage zum Waschen fahren. So rollte ich durch Sankt Pauli, umweht vom betörenden Duft des cognacfarbenen Conollyleders und dem eisigen Wind, der aus den verchromten Lüftungsdüsen strömte, drückte vorsichtig das Gaspedal in den hochflorigen Teppich und staunte, wie sich das Drehmoment des 6,75-Liter-V8-Motors auftürmte wie eine Bugwelle, die mich an Bord dieser verblüffenden Landyacht über die Reeperbahn trug. Es war ein Initiationsritus der besonderen Art, und ich hatte verstanden: Hier ging es nicht um kleinliche Testberichte und Spaltmaß-Fetischismus. Hier wurde große Automobilkultur verhandelt, man schwelgte in Kennerschaft und Distinktion. Die klingenden Namen britischer Lacktöne, die feinen Maserungen des Walnussholzes, die auf endlosen Kontinentalfahrten gewachsene Patina der Ledersitze. Kurz: die Freude am kleinen, aber alles entscheidenden Unterschied.

Es war eine wunderbare Zeit. Im *Classic Driver* Markt standen die seltensten und elegantesten Autos zum Verkauf. Oft besuchten wir die Händler, um einen Aston Martin V8, einen Ferrari Dino oder einen Bizzarrini 5300 auszuleihen und im Hamburger Hafen zu fotografieren. Die Autos waren wertvoll, aber noch nicht unbezahlbar – und konnten entsprechend sorglos bewegt werden. Als Freelancer und Student saß ich morgens in meiner Filmvorlesung, sah die großen Klassiker des Neorealismus von Antonioni und Visconti über die Leinwand flimmern, um nachmittags die Schlüssel zu einem Lamborghini Espada aus der Redaktion zu holen und mit meinen Redaktionskollegen Philip Rathgen und Jan-Christian Richter auf Fotosafari zu gehen. Das Internet hatte uns mit der Welt verknüpft, doch der Alltag in der Redaktion unseres „European Car Webzine" war frei, kreativ und aus heutiger Sicht durchaus beschaulich. Täglich brachte der Briefträger kiloweise Post – die neuesten Pressemappen der Hersteller voller Hochglanzfotos, die

CD 20
CD 98

Fahrbericht eines freien Mitarbeiters auf CD-ROM, elegant in blauer Tinte mit dem Füller beschriftet. Besondere Geschichten fotografierten wir weiterhin analog auf Diafilm, der per Kurier ins Labor zum Scannen geschickt wurde – den Pixelgewittern der Digitalkameras war noch nicht zu trauen. Das Layout unserer Geschichten programmierten wir in XML von Hand. Freitags wurde schließlich der Newsletter gebaut, das Editorial geschrieben: „Gentlemen, start your weekends!" – und das taten wir auch!

Schon unser Gründungsjahr 1998 war ein guter Jahrgang gewesen: Anspruchsvolle Automobile wie der Aston Martin DB7 Alfred Dunhill Edition und Audi TT, Bentley Arnage und Ferrari 456M, Maserati 3200 GT und Rolls-Royce Silver Seraph waren auf die Straße gerollt. Doch die Autoindustrie stand vor dem Umbruch: Viele kleine Hersteller, die Jahrzehnte lang am Rande des Ruins, aber in Eigenständigkeit überlebt hatten, wurden von großen Konzernen übernommen. Marken wie Bentley und Lamborghini, Mini und Rolls-Royce, die ihre Autos in homöopathischen Dosen von Hand gefertigt und an einen kleinen Kreis von Eingeweihten verkauft hatten, wurden von Volkswagen und BMW auf Erfolgskurs gebracht, mit modularen Plattformen und Motoren gleichgeschaltet – und schon bald in großen Auflagen produziert. Die Marken flogen uns Journalisten nach Miami und Kapstadt, Reykjavik und Los Angeles, um die neuesten Luxus-Modelle auf den Traumstraßen der Welt zu erfahren. Doch der Charme des Unvollkommenen, die Anziehungskraft eines maßgefertigten Einzelstücks, dem man vor dem Kaltstart gut zureden musste, das war klar, würde auf kurz oder lang dem Streben nach Effizienz, Perfektion und Skalierbarkeit weichen. 2008, zehn Jahre nach unserer Gründung, saßen wir schließlich hinter dem Steuer eines ganz neuen Protagonisten der Automobilgeschichte: Zwar war dieser Prototyp des Tesla Roadsters nicht viel mehr als eine notdürftig elektrifizierte Lotus Elise – doch der Schub, mit dem uns der Flitzer über die Elbchaussee katapultierte, ließ ahnen, dass dem kalifornischen Start-up eine große Zukunft bevorstehen würde.

Die automobile Welt veränderte sich rasant. Und wir, mittlerweile in die neutrale Schweiz ausgewandert, stellten uns die Frage: Wer ist eigentlich dieser „Classic Driver", dem unsere Marke ihren Namen verdankt? Und wie definiert er sich, wenn die individualistische Autokultur, der er entstammt, langsam vergeht? Würde er sich in die Nostalgie verabschieden, den goldenen Zeiten der Mobilität am Steuer seiner Klassiker nachfahren? Uns war klar: Ein echter „Classic Driver" definiert sich nicht durch die Baujahre in seiner Garage, sondern durch die Werte, nach denen er lebt. Er ist kultiviert und vielseitig gebildet, schätzt das Besondere und Individuelle, hat einen ausgeprägten Sinn für Geschichte und Tradition – doch blickt er über sein Nardi-Lenkrad stets in Richtung Zukunft. Seinen Aston Martin V8 Oscar India in Gunmental Grey oder den auberginenfarbenen DeTomaso Longchamp erkennt man zwischen den neonbunten Supercars in Mayfair nur auf den zweiten Blick. Und in seiner Garage in St. Moritz steht neben dem klassischen Range Rover mit Veloursitzen ein unscheinbarer Fiat Panda 4x4 für die Fahrt zum Cresta Run. Als Gentleman begegnet er der Welt mit Respekt, fühlt sich jedoch auch recht wohl in seinem privaten Männerclub „where women cease from troubling and the wicked are at rest". *Classic Driver*, das war in diesem Sinne ein „Thinking Man's Car Magazine" alter Schule. Ein Ort der Ruhe und Inspiration in einer sich immer schneller drehenden Welt.

Autos erzählen Geschichten – doch ebenso wichtig wie die Stories, die wir in unserer Redaktion tagtäglich schreiben, sind bei *Classic Driver* die Fotografien. Denn wer sich in ein Auto verliebt, der tut dies meist auf den ersten Blick. Und während die Bilder auf unserer Website größer wurden, entdeckten wir immer neue, oft noch junge Fotografen, die für uns die schönsten Autos der Welt vor die Kamera nahmen: Mit Rémi Dargegen, Amy Shore, Tom Shaxson, Rob Cooper, Alex Lawrence und Mathieu Bonnevie trat eine neue, kreative und äußerst talentierte Generation von Fotografen ins Scheinwerferlicht. Sie waren keine Autofotografen im klassischen Sinn, vielmehr erzählten ihre Bilder Geschichten – sie setzten Menschen und ihre Maschinen in Beziehung, wagten neue Blickwinkel, und halfen dabei, *Classic Driver* zu einer der ersten automobilen Hochglanzpublikationen des Internets zu machen, die auch Menschen begeisterte, die sich sonst nicht für Autos interessierten.

Unsere redaktionellen Vorbilder, das waren die Magazine von *New York Times, Financial Times, Le Monde, Süddeutsche Zeitung* und *Die Zeit.* Auf unseren Schreibtischen stapelten sich *Dazed & Confused, AD* und *Vogue, Intersection, Carl's Cars, Ramp* und *Apartamento*. Und so schrieben wir auch über Design, Kunst und Architektur, Reisen, Uhren, Motorräder und Yachten. Schließlich war unser titelgebender „*Classic Driver*" ein Mann von vielfältigen Interessen – die allesamt in unserer Rubrik „Classic Life" und in unserem Marktplatz eine Heimat fanden.

Mittlerweile hatte Apple mit dem iPhone das Internet in unsere Hosentaschen gebracht – und so erschien es uns nur logisch, unsere Fotos auch in jener neuen App namens Instagram hochzuladen, die seit 2012 verfügbar war. Heute erreichen wir bei Instagram eine halbe Million Follower aus aller Welt.

Waren die frühen 2000er-Jahre von der Modernisierung der Automobilindustrie geprägt gewesen, erlebte nun die individualistische Autokultur eine Renaissance: Im Jahr

2009 hatte Singer aus Kalifornien eine Allstar-Version des luftgekühlten Porsche 911 vorgestellt – und damit den Propheten einer neuen Restomod-Bewegung auf die Straße geschickt. Bei Cool & Vintage in Portugal entstanden schon bald die schönsten Land Rover, Alfaholics erfanden die Sportwagen von Alfa Romeo neu, elektrische Fiat-Strandflitzer konnte man bei Garage Italia finden und Automobili Amos machte die fast vergessene Marke Lancia wieder groß. Auch die klassischen Karosseriebau-Manufakturen wie Touring Superleggera und Zagato fanden zu neuer Blüte und fertigten spannende Neuauflagen ihrer größten Hits. Auch die großen Marken begannen, ihre Individualisierungsabteilungen auszubauen und immer neue One-Offs zu Höchstpreisen zu verkaufen. Doch die kleinen Manufakturen und Designstudios mit ihren individuellen Geschichten und persönlichen Ambitionen waren für uns stets interessanter – und so haben wir zahlreiche Erfolgsstorys von den ersten Prototypen bis heute im *Classic Driver* Magazin begleitet.

Das Herzstück von *Classic Driver* war stets der Marktplatz – nicht nur wirtschaftlich, sondern auch als redaktionelle Goldgrube und unstillbare Quelle der Inspiration. Jeden Morgen öffnen wir unsere Browser, werfen einen Blick in die Inserate – und staunen über die neuesten Sammlerautos, die von den führenden Händlern und Auktionshäusern bei uns zum Verkauf angeboten werden: Ein Aston Martin V8 Shooting Brake, ein Fiat Jolly Beach Car, ein Porsche 911 Turbo S mit Individualausstattung, der einst für die Familie Porsche gefertigt wurde, ein sechsrädriger Fiat Panda, ein Le-Mans-Gewinnerwagen, der Prototyp des Bugatti EB110 SS, ein fabrikneuer BMW Alpina aus den 1980er-Jahren, der niemals bewegt und anscheinend in einer Zeitkapsel konserviert wurde, ein dunkelgrüner Ferrari F40, ein VW Golf mit Porsche-Motor, der Audi quattro des Aga Khan. Sammlerautos im Wert von einer Milliarde Euro wurden bei *Classic Driver* im vergangenen Jahr gelistet – seit 1998 haben unzählige begehrenswerte Automobile durch *Classic Driver* einen neuen Besitzer gefunden.

Der Blick zurück fasziniert. Nur allzu lange darf man nicht darüber nachdenken, welche Autos man vor 25 Jahren zu welchen Schnäppchenpreisen hätte kaufen können. Denn der Markt für Sammlerautos ist exponentiell gewachsen – bei rund 40 Milliarden Dollar liegt das Handelsvolumen pro Jahr. Viele Autos haben ihren Wert in den letzten Jahrzehnten vervielfacht – wer sich die richtigen Marken und Modelle in die Garage gestellt hat, freut sich über Renditen, von denen Anleger an der Börse nur träumen können. Gleichzeitig drängt eine neue Sammlergeneration in den Markt, die mit dem Internet aufgewachsen ist und ihre jungen Klassiker aus den 1980er- und 1990er-Jahren ganz selbstverständlich online suchen – und mit etwas Glück bei *Classic Driver* das Auto ihrer Träume entdecken und erwerben.

Automobile sind für uns jedoch nicht primär Geldanlagen, sondern vielmehr Kulturgüter, die es für kommende Generationen zu bewahren gilt. Und was könnte nachhaltiger sein, als ein Auto, das bereits mit hohem Energieaufwand produziert wurde, zu erhalten und zu besonderen Gelegenheiten aus der Garage zu holen, anstatt es alle paar Jahre mit einem Neuwagen zu ersetzen? Es hatte schon immer eine gewisse Nonchalence, eben nicht mit einem fabrikneuen Modell vorzufahren, sondern den gut eingesessenen Gran Tourer der Familie von Generation zu Generation weiterzugeben. Wie übrigens auch die Autobegeisterung selbst: Wer nicht von seinen Eltern oder einem sportwagenfahrenden Onkel mit der Begeisterung angesteckt wurde, wird heute vermutlich nicht mehr den Führerschein machen. So versteht sich *Classic Driver* auch als Hüter einer Kulturpraktik, den komplexen Riten und Ritualen des Homo Automobilis – einer Spezies, die künftige Anthropologen durchaus noch vor Rätsel stellen dürfte.

Mittlerweile ist *Classic Driver* jedoch nicht nur ein Marktplatz und Magazin, in dem man die schönsten Autos aller Zeiten entdecken und erwerben kann. Zum 20. Jubiläum im Jahr 2018 haben wir die Kreativagentur CD Works gegründet – und in einem ersten Projekt gemeinsam mit Aston Martin eine limitierte Edition des DB11 im typischen Grau und Grün von *Classic Driver* entwickelt. Seitdem haben wir zahlreiche Autobil- und Luxusmarken mit unserem Wissen, unserer Erfahrung und unserer Kreativität unterstützt. Für Jägermeister haben wir die Tochtermarke „Rennmeister" gegründet, um einen neuen Blick auf die die ikonischen orangefarbenen Rennwagen zu werfen. BMW haben wir bei der Rekonstruktion von Marcello Gandinis Konzeptstudie Garmisch begleitet und den preisgekrönten Podcast „Classic Heart" herausgebracht. Mit dem Auktionshaus Phillips haben wir für eine Ausstellung die drei mythischen „Batmobile" von Bertone ins Herz von London geholt, mit Kiklo den 30. Geburtstag des McLaren F1 mit einem Dutzend der „Unicorn Hypercars" gefeiert – und beim „Classic Driver Panda 4x4 Meet" in St. Moritz unserem liebsten Alpenflitzer die Ehre erwiesen. Es wird einfach nicht langweilig.

Classic Driver im Jubiläumsjahr 2023 – das ist auch ein Lebensgefühl und eine globale Gemeinschaft von Gleichgesinnten, die unsere Sicht auf die automobile Welt teilt. Wir bieten hierfür die Plattform, doch mit Leben, Stil, Eleganz und immer neuen Ideen wird sie gefüllt von unseren Lesern, unseren Kunden, unseren Autoren und Fotografen. Und von außergewöhnlichen Menschen, die mit ihrer Leidenschaft die automobile Kultur bewahren, interpretieren und immer neu erfinden. Von diesen inspirierenden Menschen und ihren Automobilen handeln viele der Geschichten, die in den letzten Jahren in unserem Magazin erschienen sind, und die wir in diesem Buch versammelt haben. Denn letztendlich ist ein interessantes Auto vor allem Ausdruck und Spiegel einer individuellen Persönlichkeit, die es bewegt – dafür steht *Classic Driver*.

LU-173902

CLASSIC

LAMBORGHINI MIURA

Drei mythische Lamborghini Miura für den ultimativen Italian Job

Nach ihrer erfolgreichen Teilnahme am Pebble Beach Concours d'Elegance 2019 trafen sich drei sehr spezielle Lamborghini Miura zu einer unvergesslichen Fahrt über Kaliforniens berühmten 17-Mile-Drive. Der angesehene italienische Autohistoriker und Autor Massimo Delbò war dabei und berichtet.

Text: Massimo Delbò / Fotos: Rémi Dargegen

„Such a perfect day", sang Lou Reed vor fast 50 Jahren. Hat er dabei vielleicht an eine frühmorgendliche Fahrt entlang des berühmten 17-Mile-Drive auf der Halbinsel von Monterey gedacht? Mit nicht nur einem, sondern zwei oder besser gleich drei Lamborghini Miura? Als der Traktorenbauer Ferruccio Lamborghini 1963 seine Sportwagenfirma gründete, träumte er vom Bau seines eigenen, ultimativen Gran Turismo. Nach einem ansehnlichen Aufwärmtraining mit den Modellreihen 350 und 400 setzte er seinen Traum 1966 mit der Enthüllung des Lamborghini Miura in die Realität um. Zugleich präsentierte er damit das erste Auto, das Journalisten zur Prägung eines bis dahin unbekannten und nun neuen Gattungsbegriffs animierte: den Supersportwagen.

Der Lamborghini Miura entstand aus den Träumen junger Designer und Ingenieure, die ihre Liebe zu Rennwagen verband: Marcello Gandini, Giampaolo Dallara, Paolo Stanzani, Bob Wallace – und nicht zu vergessen Giotto Bizzarrini, Konstrukteur des als Mittelmotor installierten Viernockenwellen-V12, der aus drei Litern Hubraum 350 PS schöpfte. Kaum überraschend, dass in den Folgejahren all diese Männer in ihrer jeweiligen Fachdisziplin in Führungspositionen hineinwuchsen.

Was unser kalifornisches Sonnenaufgangs-Erlebnis besonders speziell machte, war der historische Background und der hervorragende Zustand der drei Lamborghini Miura. Jeder Wagen hatte gerade erst eine historisch korrekte und penibel ausgeführte Restaurierung bei Lamborghinis Polo Storico erfahren. Wie hoch die Qualität dieser Arbeiten wirklich war, davon zeugte das Abschneiden der Autos beim Pebble Beach Concours d'Elegance: Platz eins und drei in der Miura-Klasse.

Beim Anblick der Preziosen wurde uns nochmal bewusst, was für eine großartige Idee es doch ist, sie in den firmeneigenen Werkstätten wieder auffrischen zu lassen. Der große Vorteil liegt darin, dass die Original-Spezifikationen immer direkt nachgeprüft und respektiert werden, was die Authentizität der Modelle garantiert. Auch auf einer persönlicheren Ebene ist es eine wunderbare Idee, weil es einfach unglaublich viel Vergnügen bereitet. Denn im Endeffekt wird hier die freudige Erwartung rekonstruiert, die der ursprüngliche Besitzer empfunden haben muss, als er das Auto damals neu in Sant'Agata in Empfang genommen hat.

Alle diese Gedanken treten in dem Moment in den Hintergrund, in dem die drei Zwölfzylinder ihren vollen, runden und kraftvollen Sound ertönen lassen. Der zugleich lieblich und musikalisch ist. Bei weitem am meisten Krach macht als Folge seines offenen Auspuffs der einzigartige Lamborghini Miura SVR. Der Wagen mit Chassisnummer 3781 wurde ursprünglich am 30. November 1968 als grüner Miura S in Italien ausgeliefert. Nachdem er in nur sechs Jahren durch die Hände von acht italienischen Besitzern gegangen war, kaufte ihn 1974 der deutsche Unternehmer Heinz Straber, der den Lamborghini für schnelle Fahrten an den Gardasee nutzen wollte.

Jeder Wagen hatte gerade erst eine historisch korrekte und penibel ausgeführte Restaurierung bei Lamborghinis Polo Storico erfahren.

Dazu ließ er den Wagen in angeblich 18 Monaten bei Lamborghini nach Vorbild des wild bespoilerten Miura SVJ in einen SVR umbauen – in leuchtendem Rot und zugelassen für den Einsatz auf öffentlichen Straßen. Im Bug wurde ein Zusatztank installiert, um die Zahl der Tankstopps zu reduzieren, während die offene Auspuffanlage noch ein paar PS mehr freigesetzt haben dürfte. Nachdem er vergeblich eine deutsche Zulassung beantragt hatte, verkaufte Straber das Auto jedoch schon ein Jahr später nach Japan, wo es zum Hauptdarsteller im berühmten Manga „The Circuit Wolf" und zum beliebtesten Spielzeugmodell des dortigen Marktes avancierte. Wenn Sie einen schnellen und lauten Miura mögen, dann wäre der SVR ihr Favorit.

Als ich #3673 erwarb, sah er sehr traurig aus und benötigte dringend mehr Aufmerksamkeit.

Der Lamborghini Miura P400 in der wunderschönen Farbe Arancio ist dagegen ein Filmstar. Das Polo Storico hat das Auto mit Chassisnummer 3586 zweifelsfrei als jenes Modell identifiziert und zertifiziert, das 1969 in der Eröffnungsszene zum Kultfilm „The Italian Job“ zu sehen ist. Der berühmte 17-Mile-Drive entlang des Pazifiks unterscheidet sich zwar deutlich vom Großen St. Bernhard-Pass in der Schweiz, doch ist die Zahl der Kurven vergleichbar. Das Erlebnis hinterm Steuer dürfte den Fahrer jedoch mit großer Sicherheit dazu animieren, Teile des von Matt Monro intonierten Film-Songs „On Days Like These“ anzustimmen!

Der dritte und letzte Miura unseres Trios trägt die Chassisnummer 3673 und wurde beim letzten Pebble Beach Concours d'Elegance mit dem Preis „Best in Class“ gekürt. Er zählt ohne Zweifel zu den exquisitesten unter allen noch existierenden Modellen und ist bis ins kleinste Detail das perfekte Beispiel dafür, wie ein Miura aussehen und fahren sollte. Das Auto wurde ursprünglich an einen südafrikanischen Enthusiasten ausgeliefert und gehört heute dem FIA-Präsidenten Jean Todt. „Vor vielen Jahren hatte ich die Gelegenheit, einmal einen Miura zu fahren“, sagt Todt, der ein begeisterter Automobilsammler ist. „Und ich hatte lange davon geträumt, einen zu besitzen. Als ich #3673 erwarb, sah er sehr traurig aus und benötigte dringend mehr Aufmerksamkeit. Ich hätte mir für eine Restaurierung keinen besseren Ort vorstellen können als Sant'Agata Bolognese. Denn ich wollte mir den Traum, einen Miura zu besitzen, wirklich voll und ganz erfüllen.“

Unsere Traumausfahrt endet mit einem Halt am Strand, um Fotograf Rémi Dargegen die Möglichkeit zu geben, die magische Szenerie im Bild festzuhalten. Mit den sanft an den Strand schlagenden Wellen und dem freundlichen Knistern der abkühlenden Motoren scheint für einen Moment die Zeit still zu stehen. Es ist ein Moment, der allen, die an diesem Tag dabei waren, noch sehr lange im Gedächtnis bleiben wird. Wie die Erinnerung an einen wunderbaren Traum.

prototipo

Der Lamborghini Miura P400 in der wunderschönen Farbe Arancio dagegen ist ein Filmstar. Das Polo Storico hat das Auto mit Chassisnummer 3586 zweifelsfrei als jenes Modell identifiziert und zertifiziert, das 1969 in der Eröffnungsszene zum Kultfilm „The Italian Job“ zu sehen ist.

PORSCHE 912

Gedanken zum Porsche 912 von Carl Gustav Magnusson

Als einstiger Schüler von Charles und Ray Eames und Designchef von Knoll International weiß Carl Gustav Magnusson ein paar Dinge über zeitloses Design. Nun hat er seinen ganz eigenen Porsche 912 gestaltet. Eine Lektion in automobiler Bescheidenheit.

Text: Jan Baedeker / Fotos: Robert W. Cooper

In Zeiten automobiler Großmannssucht und ästhetischer Beliebigkeit kann es hilfreich sein, sich jener kreativen Köpfe zu besinnen, die in der Hochphase der Nachkriegsmoderne ihre Ideen einer funktionalen, demokratischen und bescheidenen Produktgestaltung verteidigt haben. Designer wie Ferdinand Alexander „Butzi" Porsche, Waldorfschüler und Kurzzeit-Student der einflussreichen Hochschule für Gestaltung in Ulm, der den so asketischen wie langlebigen Porsche 911 entwickelte. Oder das kreative Vorzeige-Ehepaar Charles und Ray Eames, das von Kalifornien aus mit seiner rasanten Prototypen-Philosophie und der Wahl alltäglicher Materialien wie Sperrholz, Fiberglas und Plastik das Industriedesign und die Architektur des Mid Century revolutionierte.

Doch während man „Butzi" und dem Ehepaar Eames nur noch durch ihr Werk näher kommen kann, ist einer ihrer Zeitgenossen und Mitstreiter für die gute Form noch immer quicklebendig und höchst aktiv: Als Architekt und Designer hat Carl Gustav Magnusson sein Handwerk Ende der 1960er-Jahre im Studio von Charles und Ray

---

Doch wie alle Designprojekte, die Magnusson leitet, ist auch dieser Porsche komplexer und eklektischer, als man es auf den ersten Blick erkennt.

Eames in Kalifornien gelernt und anschließend als Design Director fast drei Jahrzehnte lang das Bild der legendären Möbelmarke Knoll geprägt. Bis heute pflegt der gebürtige Schwede den rastlosen Lebensstil eines Kurators, Professors, Mentors, Erfinders und Designvordenkers. Er pendelt zwischen seinen zwei Wohnsitzen in New York und Mailand – und nutzt jede freie Minute, um seine ewigen Liebe für klassische Automobile auszuleben.

Wir treffen Carl Gustav Magnusson an einem strahlend schönen Septembertag in Andeer, einem kleinen Bergdorf im Schweizer Kanton Graubünden. Schon im Morgengrauen ist der Designer in Mailand losgefahren, hat im ersten Licht des Tages den San-Bernardino-Pass überquert und lehnt nun an seinem neuesten Projekt – einem äußerst ungewöhnlichen Porsche 912. Mit seinen gelben Scheinwerfern à la française, den kalifornischen Kennzeichen und einem glänzenden schiefergrauen Lack, in dem sich der wolkenlose, tiefblaue Himmel spiegelt, sieht der Sportwagen wirklich atemberaubend aus. Doch wie alle Designprojekte, die Magnusson leitet, ist auch dieser Porsche komplexer und eklektischer, als man es auf den ersten Blick erkennt. Also folgen wir seiner Einladung, schwingen uns auf den Beifahrersitz – und schon geht es bergauf in Richtung des berühmten Splügenpasses. Herbstlich gefärbte Arven und gewaltige Felsabrisse aus Granit fliegen vorbei. Es ist Zeit, dem Porsche und seiner Geschichte auf den Grund zu gehen.

Was hat es mit diesem Auto auf sich?
Nun, es ist ein Porsche 912 aus dem Jahr 1968. Als ich ihn in Kalifornien aufspürte, hatte er reichlich Rost und war mehr schlecht als recht lackiert worden. Ich schickte ihn dann zum Bruce Baker in Pennsylvania. Er ist ein Meister seines Fachs und hat sein ganzes Leben lang an Porsche 356 und frühen Porsche 911 mit kurzem Radstand gearbeitet. Er nahm sich meines 912 an – als eines seiner letzten Projekte vor dem Ruhestand.

Was war die leitende Idee hinter dem Neuaufbau?
Ich wollte den Porsche 912 nicht in einen weiteren 911 verwandeln – das hätte ich als angeberisch empfunden. Viel lieber wollte ich den bescheidenen Geist des 912 herausarbeiten, alles möglichst einfach halten und so den ursprünglichen Gestaltungsansatz fortsetzen. Das Auto hat wirklich nichts Luxuriöses an sich. Und ich möchte mir vorstellen, dass das Ergebnis auch „Butzi" zufriedengestellt hätte.

Das Cockpit ist sehr minimalistisch, und doch haben Sie hier einiges verändert, nicht wahr?
Ich habe mich auch hier vom Geist des Porsche 912 leiten lassen. Passend zu einem günstigen Sportwagen für Einsteiger wollte ich alles möglichst industriell, funktional und zweckdienlich erscheinen lassen. Statt Lederriemen und Wollfußmatten findet man Gummi soweit das Auge reicht. Die einzigen Farben sind grau und schwarz, mit schlichten Akzenten aus Metall und Chrom. Ich verwende Flugzeuggurte der britischen Armee mit schmucklosen Aluminium-Verschlüssen. Das Lenkrad ist die Standardaus-

CALIFORNIA
EBY 906

PORSCHE
EBY 906

Und noch etwas: Ich finde, Beifahrer sollten eine eigene Hupe besitzen – sie sehen nämlich Dinge, die der Fahrer nicht erkennen kann. Also habe ich eine installiert.

führung, ich habe nur die Ränder poliert. Das Heuer-Logo auf der Borduhr lässt die Zeit zwar nicht schneller laufen, es sieht aber einfach gut aus. Das wenig ansehnliche Plastikteil oben auf dem Armaturenbrett habe ich durch eine Ablage in Wagenfarbe ersetzt – ein kleiner Wink an die frühen Speedster-Modelle. Um das Cockpit möglichst einfach zu halten, habe ich außerdem den Aschenbecher und den Zigarettenanzünder entfernt. Und noch etwas: Ich finde, Beifahrer sollten eine eigene Hupe besitzen – sie sehen nämlich Dinge, die der Fahrer nicht erkennen kann. Also habe ich eine installiert. Um die Stromversorgung herzustellen benutze ich einen einfachen Hebel von Bosch, der sehr industriell aussieht. Und um die üblichen Klischees zu vermeiden, hängt an meinem Schlüsselbund kein Porsche-Logo, sondern das ostdeutsche Ampelmännchen, eine kleine Referenz an die Wiedervereinigung Deutschlands.

Wie haben Sie den Porsche äußerlich verändert?

Ich habe ihn in „Schiefergrau" lackieren lassen, da der Farbton die Form wirklich gut zur Geltung bringt. Ich habe die Scheinwerfer gelb eingefärbt, aber die Nebelscheinwerfer weiß gelassen. Die Blinker sind übrigens noch original, man erkennt die Risse im Kunststoff. Dann habe ich die Standard-Rückspiegel durch kleine Motorradspiegel ersetzt. Die Räder entsprechen der Serie, ich habe nur einige Details in Wagenfarbe lackiert und Schrauben aus Titan verwendet. Die Reifen von Vredestein haben ebenfalls die korrekten Abmessungen, nur die chemische Zusammensetzung wurde verbessert. Das Auto ist auch nicht tiefergelegt worden, deshalb fährt es sich so gut. Es steht in Einklang mit seiner ursprünglichen Idee.

Das Logo haben Sie aber ein bisschen verändert, oder?

Nun, es gibt in Maryland einen Typen, der kann einem Objekt aus Metall fast jeden gewünschten Look verpassen. Also habe ich ihm das Porsche-Logo geschickt und ihn gebeten, es wie Zinn aussehen zu lassen – poliert an den Rändern aber dunkler in den tieferen Bereichen. Der Kreis auf der Haube ist übrigens eine kleine grafische Referenz an die klassische Rennsport-Nummer. Sie schafft Erwartungen.

Die geschlossene Motorhaube ist eines der expressivsten Elemente des Autos. Wie kam es dazu?

Als Vierzylinder-Sportwagen braucht der Porsche 912 weniger Kühlluft als der 911. Manche Leute nennen ihn deshalb sogar ein „ölgekühltes Auto". Dennoch hat Porsche damals die Lüftungsgitter des 911 übernommen. Ich dachte mir, eine geschlossene Haube würde der Linienführung zugute kommen, also habe ich meinen eigenen Entwurf bei einem Handwerker in Kalifornien aus Aluminium anfertigen lassen und die Lüftungsschlitze auf ein Minimum reduziert.

Und wie fährt sich Ihr Porsche 912?

Er fährt sich tatsächlich sehr gut. Er hat Weber-Vergaser und 1,75 Liter Hubraum statt der üblichen 1,6 Liter. Der Motor wurde umfassend verbessert, allerdings nicht, um das Auto schneller zu machen, sondern noch zuverlässiger. Diesen Sommer bin ich mit dem 912 von London nach Wales gefahren, dann nach Mailand und zu Luftgekühlt nach München, nun ins Engadin – alles ohne Probleme.

Sie sind Architekt und Industriedesigner – woher stammt Ihre Begeisterung für Autos?

Mein Vater war Ingenieur. Als ich ihm zum ersten Mal sagte, dass ich Autodesigner werden wolle, antwortete er: Autos zu entwerfen ist wie Krawatten zu entwerfen. Also studierte ich Architektur. Erst viele Jahre später fiel mir auf, dass Ralph Lauren eine der wertvollsten Autosammlungen der Welt besaß – weil er Krawatten entworfen hatte. Nach dem Studium interessierte ich mich noch immer mehr für Produktdesign und schrieb eine Bewerbung an Charles Eames in Venice, Kalifornien. Nach einigen Wochen kam seine Antwort: Ich könne sofort anfangen. Also zog ich von Schweden nach Kalifornien. Nun hatte ich aber gerade als Architekt den Showroom eines Importeurs für Luxusautos entworfen und dabei einen Rabatt für einen neuen Morgan ausgehandelt. Also wurde der Wagen in England von Peter Morgan höchstpersönlich zum Hafen gefahren und an Deck eines Frachters in die USA verschifft. Als ich den Morgan in der Westside von Manhattan abholen wollte, war er von der Überfahrt komplett verdreckt.

Diesen Sommer bin ich mit dem 912 von London nach Wales gefahren, dann nach Mailand und zu Luftgekühlt nach München, nun ins Engadin – alles ohne Probleme.

EBY 906

Als der Zollbeamte diesen Anachronismus auf Rädern sah, winkte er mich durch: keine Einfuhrsteuer auf alte Autos! So fuhren wir – meine Frau, unsere zwei Kinder und ich – in diesem dreckigen Morgan einmal quer durch die USA, bis nach Kalifornien.

Wie war es, für Charles und Ray Eames zu arbeiten?
Im Büro der Eames waren damals vielleicht 14 oder 15 Leute beschäftigt. Wir arbeiteten beispielsweise an der Planung für das National Aquarium in Washington DC, das leider nicht realisiert wurde, und der Einrichtung der Mathematica-Ausstellung von IBM. Es waren wunderbare Jahre. Nachdem ich Anfang der 1970er-Jahre mein eigenes Studio eröffnet hatte, bekam ich einen Anruf der Möbelfirma Knoll – und arbeitete kurz darauf in New York an Produkten, Verkaufsräumen, Werbeanzeigen und Grafiken. Knoll schickte mich um die Welt, ich lebte in Paris, London und Mailand. Doch nach 29 Jahren dachte ich, ich sollte vielleicht doch noch etwas anderes probieren, und kündigte. Doch natürlich blieb eigentlich alles gleich. Die letzten 14 Jahre habe ich als Designer und Universitätsprofessor gearbeitet.

Was ist gutes Design? Haben Sie nach 50 Jahren im Geschäft eine Antwort auf diese Frage?
Die Vortragsreihe, die meinen Studenten am besten gefällt, heißt „3.500 Jahre Design in 2.000 Sekunden aus dem Stand“. Darin geht es um die kulturellen Einflüsse der Designgeschichte. Ein erfolgreiches Produkt kombiniert fast immer Dinge, die es in anderer Form schon gab. Ein Smartphone ist eigentlich nichts Neues, es fügt alte Ideen nur neu zusammen. Das war die Brillianz von Steve Jobs – er sah überall Verbindungen. Wenn eine neue Kombination erfolgreich ist, erscheint sie uns irgendwann selbstverständlich. Aber stellen Sie sich einmal vor, wir hätten hier vor 30 Jahren am Tisch gesessen – und jeder hätte ein Telefon neben seinem Teller stehen gehabt. Mit Kabel. Absurd! Viele gute Lösungen kommen übrigens erst gar nicht gut an. Denken Sie nur an die Idee, den Motor ins Heck eines Autos zu packen und nicht in die Front. Mir gefällt, dass Porsche sich von diesem Konzept auch in 70 Jahren nicht hat abbringen lassen. Sie haben die Formel einfach perfektioniert.

Der klassische Porsche 911 gilt noch immer als Sportwagen für Intellektuelle, der Porsche 912 ist sogar noch zurückhaltender. Warum werden bezahlbare und einfache, aber intelligente Sportwagen heute kaum noch gebaut?
Vor etwa 60 Jahren fand die Luxusindustrie heraus, dass Menschen gerne mehr bezahlen. Warum ist eine Rolex so teuer? Einfach: Weil sie sich so besser verkauft. Es gibt diesen Witz über zwei russische Millionäre. Fragt der eine: „Was hast du für deinen Rolls-Royce bezahlt?“ Antwortet der andere: „Eine Million Dollar.“ Der erste ist entsetzt: „Du bist doch verrückt! Ich hätte dir dasselbe Auto für zwei Millionen besorgen können.“ Was mich im Gegensatz am Porsche 912 fasziniert, das ist dieses Bekenntnis zur absoluten Einfachheit und Bescheidenheit. Es geht nicht um Leistung, man kann mit ihm nicht angeben. Was zählt, ist mit so wenigen Elementen wie möglich das beste Ergebnis zu erzielen. Dieser Ethos seiner Entwickler macht den Porsche 912 so wunderbar verlässlich. Und Verlässlichkeit geht für mich Hand in Hand mit Ehrlichkeit, bei Autos genau wie bei menschlichen Beziehungen. Und dieses Auto ist einfach ehrlich!

FIAT 130 VILLA D'ESTE

Spüre den Geist von St. Moritz im Fiat 130 Villa d'Este von Gianni Agnelli

In den frühen 1970er-Jahren ließ sich Gianni Agnelli eine Kombi-Version des Fiat 130 für seine Wintersportferien in St. Moritz anfertigen. Heute gehört der außergewöhnliche Wagen zur Lopresto-Sammlung – wir haben ihm bei The ICE den „Classic Driver Spirit of St. Moritz Award" verliehen.

Text und Fotos: Błażej Żuławski

Eines der komfortabelsten und praktischsten Autos der Mailänder Lopresto-Sammlung ist für das ungeübte Auge ein einfacher, nur etwas seltsamer Fiat-Kombi. Und doch ist es genau dieser unscheinbare 130 Familiare, der am vergangenen Wochenende beim Winterspektakel The ICE unseren „Classic Driver Spirit of St. Moritz Award" erhalten hat. Die andere Bezeichnung für diese Fiat-130-Sonderedition der Officine Introzzi ist „Familiare", was aus dem Italienischen frei mit „Familie" übersetzt werden kann. Deshalb bin ich auch nicht überrascht, als ein Drittel des Lopresto-Haushalts, einschließlich zweier Yorkshire-Terrier, zu dem Rendezvous erscheint, das ich am Abend zuvor mit Duccio Lopresto vereinbart habe. Wir treffen uns direkt an der überfüllten Einfahrt des Fünfsterne-Hotels Suvretta House, buchstäblich 50 Meter vom Eingang der Chesa Alicyon entfernt, dem St. Moritzer Chalet von Gianni Agnelli.

Fiat-Chef Agnelli ist die zentrale Figur in dieser Geschichte. Dieser 130 ist eine der drei (oder vier – verschiedene Quellen nennen unterschiedliche Zahlen, da eines der Autos angeblich verschwunden ist) Kombi-Versionen, die der in Lipomo nahe Como ansässige Karosseriebauer zwischen 1971 und 1974 speziell für ihn, seinen Bruder Umberto und seinen Lieblings-Antiquitätenhändler, einen gewissen Guido Nicola, gebaut hat. Ein praktischer Kombi, den Agnelli in St. Moritz – wenn auch relativ selten – als Alltagsauto nutzte und mit dem er zu den Skipisten und zurück fuhr. Mit seiner markanten, amerikanisch inspirierten Holzimitat-Verkleidung und einem riesigen Weidenkorb auf dem Dachgepäckträger zum stilvollen Transport der Skier zieht er die Blicke auf sich.

Der Plan für den Nachmittag ist, durch die Stadt zu fahren und die Aura des wohl bekanntesten Skiortes der Welt aufzusaugen, die voll von Geschichten und Anekdoten über die Jetset-Massen ist, die den Ort berühmt gemacht haben und von denen Agnelli eine der prominentesten Figuren war. Duccio dreht den Schlüssel im Zündschloss, und der 165 PS starke, von Aurelio Lampredi entworfene 3,2-Liter-V6-Motor beginnt elegant zu summen. „Es ist eines der komfortabelsten und praktischsten Autos in der Sammlung", sagt er, während er das Dreigang-Automatikgetriebe von Borg Warner in Gang setzt. „Mein Vater und ich lieben es, damit zu fahren. Wir haben schon einige Familienausflüge mit dem Auto gemacht, und es war erstaunlich einfach, auf dem zugefrorenen See zu driften. Kein Wunder, dass Agnelli ihn so sehr mochte", fügt er hinzu, während wir zurück in die Stadt fahren, um einen schnellen Kaffee zu trinken.

Trotz des umwerfenden hellbraunen Lederinterieurs und einer zusätzlichen Klimaanlage könnte man meinen, dass ein Auto wie dieses nicht zu dem Mann passt, der damals ein Viertel der an der Mailänder Börse notierten Unternehmen besaß und für 4,4 Prozent des BIP Italiens verantwortlich war. Aber Agnellis Lieblingsauto war kein exotischer Rennwagen, sondern ein ziemlich alltäglicher Fiat 125 mit Automatik, den er sein Leben lang behielt. Der viel luxuriösere und größere Fiat 130 war also nur eine Erweiterung dieser Liebe zum Gewöhnlichen.

Der Vollständigkeit halber sei der folgende Hintergrund erwähnt: L'Avvocato krachte 1952 mit seinem Ferrari in einen Fleischtransporter, während er – angeblich – vor einer Freundin, nämlich Pamela Churchill Harriman, flüchtete. Diese hatte ihn mit einer 21-jährigen Geliebten erwischt, einer gewissen Anne Marie d'Estainville, während seine zukünftige Frau, Prinzessin Marella Caracciolo di Castagneto, zur gleichen Zeit bereits mit seinem Sohn Edoardo schwanger war. Eine ziemlich stressige Situation, wie man sich vorstellen kann, die zu einer Fehleinschätzung führte und ihm ein gebrochenes Bein bescherte, das ihm für den Rest seines Lebens große Beschwerden verursachte. Deshalb bevorzugte Gianni Agnelli eigentlich Autos mit zwei statt drei Pedalen, und deshalb war der komfortable, weich gefederte und geräumige Fiat 130 Villa D'Este von 1974 das perfekte Auto für ihn in St. Moritz. So praktisch, wie eine Uhr, die man über der Hemdmanschette trägt.

Er war damals perfekt, und er ist es auch heute noch, mit seiner zweifarbigen Lackierung und coolen Details wie dem Jensen-Soundsystem oder der asymmetrischen dritten Bremsleuchte, die eingebaut wurde, damit Agnellis Sicherheitsteam nicht

Ganzer
Platz
48

Das Modell verströmt unaufdringliche Eleganz vom Feinsten – davon könnten einige der heutigen St. Moritzer noch lernen.

in das Heck des Wagens krachte, wenn sie ihn verfolgten. Das Modell verströmt unaufdringliche Eleganz vom Feinsten – davon könnten einige der heutigen St. Moritzer noch lernen. Aber mit dem stilvollen Duccio am Steuer, seiner Schwester Dora und ihrem Freund Andrea als Beifahrer fühlt man sich sofort in das St. Moritz von vor 50 Jahren zurückversetzt.

So konnte unser CEO und Concours-Richter J. Philip Rathgen den *Classic Driver* Spirit of St. Moritz Award – ein kultiger marineblauer ‚St. Moritzer'-Pullover von Silvano Vitalini – natürlich an kein anderes Auto vergeben. Es ist diese perfekte, magische Kombination aus Design, Besitzer und Ort, die es zu einer wahren Zeitmaschine für die Fantasie aller Betrachter machte. Also, versuchen wir es noch einmal. Ist das nur ein Fiat? Nichts könnte weiter von der Wahrheit entfernt sein.

48

Es ist diese perfekte, magische Kombination aus Design, Besitzer und Ort, die es zu einer wahren Zeitmaschine für die Fantasie aller Betrachter machte.

Asprey

MAI IKUZAWA

Unterwegs von Tokio nach London mit der kreativen Vordenkerin Mai Ikuzawa

Als schöpferische Außenseiterin in der Autoindustrie hat sich Mai Ikuzawa einen Namen als Vorstreiterin für Gleichberechtigung und als kompromisslose Enthusiastin gemacht. *Classic Driver* hat diese bemerkenswerte Frau besucht.

Text: Alex Easthope / Fotos: Tom Shaxson

Als Tochter der japanischen Motorsportikone Tetsu Ikuzawa, wuchs Mai ganz buchstäblich auf den Rennstrecken von Japan und Europa auf. Anfangs wollte sie noch gegen das Autovirus resistent bleiben, aber mit soviel Benzin im Blut wuchs allmählich eine große Leidenschaft für die Autokultur. Diese Begeisterung in Verbindung mit ihrem kreativen Flair, ihrer lustvollen Kampfansage an Stereotypen und ihrem Talent, einfach Spaß zu haben, sorgten dafür, dass Mai eine bekannte Persönlichkeit der Szene geworden ist.

Mai Ikuzawa leitet nicht nur die international erfolgreiche Kreativagentur Bow Wow International, wo Stunt-Fahren sogar als Service angeboten wird, sondern ist eine passionierte Skiläuferin, die zwischen London und Chamonix pendelt. Wir treffen Mai in einer seltenen Pause in ihrem Londoner Stadtteil Battersea zusammen mit einem wunderbaren Lancia Aurelia B20 GT, der diese Woche bei Art Basel für Aufsehen sorgen wird.

Von meinem Vater wird gesagt, dass er die Legende des Skyline begründete, als er einen Porsche 904 überholte, um die Führung im japanischen Grand Prix 1964 zu übernehmen.

Was sind Ihre frühesten Erinnerungen ans Auto?
Ich erinnere mich eigentlich eher weniger an meinen Vater auf der Rennstrecke, als an die vielen Tage im Wohnmobil oder an die Stunden, die ich mit den Mechanikern verbracht habe. Damals besaß Motorsport nicht diesen Glamour, deswegen konnte ich mich jederzeit frei in der Boxengasse und in den Garagen bewegen. Vielleicht lag es daran, dass ich die Tochter meines Vaters war, aber die Mechaniker haben sich viel mit mir beschäftigt oder mir bei den Hausaufgaben geholfen.

Also muss Ihr Vater im Rennzirkus sehr beliebt gewesen sein?
In Japan galt der Namen Ikuzawa in etwa so viel wie Stirling Moss oder Jackie Stewart in England. Er wurde enorm respektiert, aber er war auch sehr eigensinnig und nicht besonders geschickt, was Eigen-PR betraf. Japaner neigen dazu, sich unterzuordnen und sind sehr höflich – möglicherweise hätte mein Vater eher den globalen Status anderer Rennfahrerpersönlichkeiten erreicht, wenn er sich tiefer verbeugt hätte. Davon abgesehen denke ich, dass Rennfahrer von Natur aus zum Egoismus tendieren.

Blieb Ihr Vater in Europa, nachdem er seine Rennkarriere beendet hatte?
Ich war vier Jahre alt, als mein Vater mit dem Motorsport aufhörte. Aber er war noch viele Jahre Teil der europäischen Motorsportszene mit Basis in London. Motorsport war sein Leben, deswegen haben wir nie einen normalen Familienurlaub unternommen, sondern Stunden damit verbracht, seinen Motorenentwickler zu besuchen oder einen Zulieferer für Motorradteile. Zunächst habe ich es gehasst, weil ich ein Mädchen war und hübsche Dinge mochte. Aber im Lauf der Zeit habe ich diese besondere Ästhetik und die Kultur schätzen gelernt. Mein Großvater war Künstler – ich habe vermutlich seine kreativen Gene geerbt.

Und so kamen Sie nach London?
Mein Vater dachte, es wäre eine gute Idee, mich in einem englischen Internat unterzubringen. Also lebe ich seit meinem neunten Lebensjahr in England. In meinen Zwanzigern bin ich für ein paar Jahre nach Japan zurückgekehrt, aber ich fühlte immer, dass London meine wahre Heimat ist – hier ist alles viel stärker im Fluss. Sogar die Autokultur ist gänzlich verschieden.

Wie unterscheiden sich die Autoszenen von Tokio und London?
Die Japaner lieben Autos. In Asien sind sie sicher so etwas wie die automobile Leitkultur, aber es unterscheidet sich schon sehr stark. Hier in England sieht man, dass die Leute täglich mit ihren klassischen Autos unterwegs sind und deren Macken als Teil des Charmes auffassen. Aber in Japan muss alles perfekt sein. Autos werden geradezu manisch poliert und meist gelagert statt gefahren zu werden. Wenn ich in Tokio mit meinem Nissan GTR mit allen seinen Kratzern und Schrammen unterwegs war, hielten sie mich für einen Freak!

17

Marken haben erkannt, dass sie ihren Fokus viel stärker auf Lifestyle und Genuss richten müssen. Petrolheads sind ihnen sicher, aber sie wissen noch nicht, wie man Frauen anspricht. Ich bin in Aston Martins ausschließlich aus Frauen bestehendem Beirat, um bei künftigen Planungen zu beraten. Selbstständige Frauen mit hohem Einkommen sitzen nicht zuhause herum und fragen den Ehemann, welches Auto sie kaufen sollten.

Wie alt waren Sie, als Sie Ihren Führerschein gemacht haben?
Es mag kurios klingen, aber mein Vater war dagegen, dass ich auf der Straße fahre – er fand das viel zu gefährlich. Aber ich habe meine Prüfung in Großbritannien mit 18 Jahren gemacht, und mein erstes Auto war ein Smart. Ich erinnere mich nicht, ob mir ein bestimmtes Modell besonders gut gefallen hat, aber der Smart war so anders als alles andere auf der Straße, dass ich wohl deswegen einen gekauft habe. Es war aber die schlechteste Entscheidung.

Beschützen Sie Ihren Sohn auch so stark wie Ihr Vater das bei Ihnen gemacht hat?
Mein Lebensgefährte ist ein früherer Weltcup-Skirennläufer und war auch Mitglied der französischen Nationalmannschaft, außerdem war er in der Vergangenheit auch mal das Stunt-Double von James Bond – dieses Erbe steckt auch in meinem Sohn. Natürlich fährt er schon mit sechs Jahren ganz hervorragend auf Skiern und er liebt Autos. Mein Mann denkt allerdings, dass ich den Jungen einer Gehirnwäsche unterzogen habe. Mir würde es gefallen, wenn er nächstes Jahr aus Spaß ins Gokart steigt. Mein Vater kam letztens nach London und hat meinem Sohn als erstes ein Fahrrad gekauft. Ich sehe das Muster meiner Kindheit.

Wie würden Sie Ihre Vorlieben bei Autos beschreiben?
Ich bin wohl nicht der typische Petrolhead, der gleich unter die Motorhaube blickt und einem sagen kann, wie viel Leistung da steckt. Aber ich bin zuhause in der Welt von Menschen, die Autos lieben. Mein Geschmack ist sehr merkwürdig, ich mag auch nicht nur Sportwagen. Zurzeit suche ich beispielsweise ein von Pininfarina entworfenes Honda City Cabriolet, außerdem habe ich gerade meinen knallpinkfarbenen Toyota Celica verkauft. Von meinem Vater wird gesagt, dass er die Legende des Skyline begründete, als er einen Porsche 904 überholte, um die Führung im japanischen Grand Prix 1964 zu übernehmen. Als der neue R35 vorgestellt wurde, sorgte Nissan dafür, dass vorzeitig eines der ersten UK-Modelle an mich ausgeliefert wurde. Ich fahre ihn immer noch!

Der pinkfarbene Celica ist eine Art Legende, nicht wahr?
Ich kaufte das Auto vor 15 Jahren, als ich als Beraterin für Automobilunternehmen anfing. Ich steckte in einem Dilemma, denn ich wollte nicht in etwas Langweiligem zu Business-Meetings vorfahren. Damals waren die „Fast & Furious"-Filme noch eine riesige Sache und somit war der Celica das perfekte ironische und parodistische Statement überhaupt. Er hatte nicht nur Scherentüren und Neon-Beleuchtung, er war vor allem ein wichtiger Teil meines Lebens. Ich liebe Autos, weil man in ihnen fährt, so ihre Geschichte schreibt und sie sich schließlich zu einer Form von Haustier entwickeln. Dieses pinkfarbene Auto war alles andere als eine Augenweide, aber es wurde zum Medienstar und berühmt.

Was haben denn die Leute in Chamonix davon gehalten?
Sie verstehen dort nicht viel von Autos, deswegen hielt sich das Gerücht, es gäbe einen rosaroten Ferrari in der Stadt. Ironie der Geschichte: Ich habe es auf Instagram zum Verkauf gepostet und innerhalb von vier Stunden an einen Galeriebesitzer in Modena verkauft.

Tetsu Ikuzawa mag zwar Ihr Vater sein, aber Sie haben auch für sich einen großen Ruf als kreativer Kopf in dieser Industrie erworben. War das sehr schwierig?
Zunächst hat mein Namen Türen geöffnet, aber es freut mich, dass Hersteller auf mich zukommen, weil ich anders bin. Zum Einen bin ich eine Frau. Ich lege einen anderen Augenmerk auf das Thema Auto fahren. Marken haben erkannt, dass sie ihren Fokus viel stärker auf Lifestyle und Genuss richten müssen. Petrolheads sind ihnen sicher, aber sie wissen noch nicht, wie man Frauen anspricht. Ich bin in Aston Martins ausschließlich aus Frauen bestehendem Beirat, um bei künftigen Planungen zu beraten. Das ist für ein so maskulines Unternehmen eine ganz große Leistung. Selbstständige Frauen mit hohem Einkommen sitzen nicht zuhause herum und fragen den Ehemann, welches Auto sie kaufen sollten.

Wie werden sich die Dinge in Zukunft verändern?
Die Autoindustrie muss sich verändern. Sie wird – wahrscheinlich mehr als die Finanzwelt – von Männern dominiert, hat aber diese Situation inzwischen erkannt. Sie müssen lernen zu verstehen, dass Frauen nicht unbedingt kleine, feminine Autos wollen – ich habe meinen Nissan GTR nicht verkauft, als ich Mutter wurde. Ich frage meine unabhängigen, vermögenden Freundinnen immer, welche Autos ihnen gefallen. Sie wählen immer das Unerwartete.

Der Reiz der Klassiker liegt doch auch darin, dass sie mit Sorge verbunden sind: Wird er anspringen? Werde ich mich verfahren? Wird es eine Panne geben?

山スキー
立山

Wenn Sie die Chance hätten, Ihr perfektes Auto zu entwerfen, wie würde es aussehen?
Das Problem ist, dass es heute immer weniger um Genuss geht. Das Ziel der #Manual-Ausstellung meines Freundes Kenny Schachter bei der Art Basel diese Woche ist die Begeisterung und den Sex-Appeal von Autos zu zelebrieren. Jetzt geht es doch zunehmend um autonomes Fahren und Elektromobilität. Ich mag kantige Autos wie den Lamborghini Countach, Aston Martin Lagonda und Maserati Ghibli, deswegen würde mein Traumwagen scharfe, geradlinige und schlichte Linien besitzen. Aber ich glaube, es geht hier mehr ums Gefühl als um die Ästhetik. Der Reiz der Klassiker liegt doch auch darin, dass sie mit Sorge verbunden sind: Wird er anspringen? Werde ich mich verfahren? Wird es eine Panne geben? Mein Auto müsste diesen Spirit einfangen. Die Freude und die Freiheit, die man erfährt, erlebt man anscheinend nur mit Fahrzeugen der Vergangenheit. Wir werden ein kleiner Club sein, der der Nostalgie des echten Fahrens nachhängt – dieses Gefühl müsste mein Auto verkörpern.

Was sind Ihre Kriterien für ein Alltagsauto?
Japanisch, Alltradtechnologie – für Chamonix – und verlässlich. Japanische Autos waren im Vergleich zu Europa immer die Underdogs. Deswegen bin ich deren große Verfechterin.

Fährt Ihr Vater noch Rennen?
Er ist in Japan bei einigen historischen Porsche-Rennen unterwegs und gewinnt immer wieder. Aber ich habe eine Theorie: Ehre ist so wichtig in Japan, dass es niemand wagen würde, Tetsu Ikuzawa zu überholen!

ASTON MARTIN VIRAGE

Ist der Aston Martin Virage Shooting Brake das ultimative Sammlerauto?

Als Einzelstück von Zagato zum 100. Geburtstag von Aston Martin gebaut, erfüllt der Aston Martin Virage Shooting Brake alle automobilen Träume. Bevor er bei der Grand Basel zu sehen ist, haben wir uns den Kombi für eine Stadtrundfahrt ausgeliehen – und einige Designexperten um ihre Meinung gebeten.

Text: Jan Baedeker / Fotos: Tom Shaxson

Unter den 100 automobilen Meisterwerken, die beim Debüt der Grand Basel zu sehen sein werden, ist der Aston Martin Virage Shooting Brake eines der eindrucksvollsten Beispiele zeitgenössischer Karosseriebaukunst. Zum einhundertsten Markenjubiläum hatte Aston Martin im Jahr 2013 seine alten Beziehungen zum Mailänder Designstudio Zagato wieder aufleben lassen und ein maßgefertigtes Trio von Geburtstagsmodellen auf Basis des damaligen Flaggschiffs Virage in Auftrag gegeben. Während Coupé und Volante im Sommer 2013 bei den Feierlichkeiten in London zu sehen waren, verblüffte der Shooting Brake ein gutes Jahr später bei der Arts & Elegance in Chantilly das Publikum.

Seit Zagatos Design-Wunderkind Ercole Spada im Jahr 1960 den ikonischen Aston Martin DB4GT Zagato entwarf, ist die Kombination aus „Double-Bubble-Dach" und dem „Z" an Flanke zum heiligen Gral aller Aston-Martin-Sammler

Während die meisten Kombis mit ihrem Pappkarton-Design ästhetisch nur wenig überzeugen, transportiert dieses Auto die Formensprache von Aston Martin so leichtfüßig, dass es eine Freude ist – und auch den aktuellen V12 Zagato in den Schatten stellt.

geworden. Auch die typisch britische Shooting-Brake-Form gilt spätestens seit der goldenen Epoche des Coachbuilding in den 1950er- und 1960er-Jahren als distinguierteste Wahl all derer, die sich den Traum von der automobilen Individualität mit einer Karosserie auf Maß erfüllen. So kann man den nur ein einziges Mal gebauten Aston Martin Virage Shooting Brake nicht nur als ultimatives Sammlerauto bezeichnen – sondern auch als Blaupause für den gerade in Kleinserie gebauten Aston Martin Vanquish Zagato Shooting Brake. Wie viele Zagato-Designs zuvor, hat der Großraum-Virage durchaus das Potenzial zu polarisieren. In England spricht man in diesen Fällen von einem „Marmite Car", das man nur lieben oder hassen kann. Und nachdem wir nun einen Tag hinter dem Steuer des außergewöhnlichen Aston Martin verbracht haben, waren wir doch sehr neugierig auf die Meinung einiger Freunde aus der Design Community, die wir um eine kurze Analyse gebeten haben.

„In Zeiten wie diesen schätze ich alles, was noch auf Maß gefertigt, handgemacht und ungewöhnlich ist – und dieses Auto erfüllt für mich alle Wünsche auf einmal", antwortete uns der Kunstkritiker, Galerist und Autosammler Kenny Schachter. „Klar, die Idee eines so exklusiven und geradezu unanständig teuren Transportmittels für einen einzigen wohlhabenden Menschen ist erst einmal absurd. Bei uns in den USA bezeichnen wir solche Autos übrigens etwas weniger hochgestochen als *station wagons* – das sind meist große, kastenförmige und nur wenig sinnliche Karossen, die man mit Kindern, Tieren und Einkäufen vollstopft. Dieser Aston Martin ist so gigantisch wie glatt, nicht alle Linien ergeben für mich Sinn, und ich bin unsicher, was überhaupt seine Funktion sein soll. Dennoch wirkt er auf seltsame Art stimmig. Irgendwie finde ich ihn sogar verdammt cool – auch wenn ich mich schäme, das zuzugeben. Ab zum Supermarkt."

„Der dramatischste aller Aston Martin Shooting Brakes wird wohl keine Hundehaare in seinem Gepäckraum ertragen müssen, dafür lassen sich mit ihm äußerst stilvoll die Gewehre zur Jagd transportieren", meint Aston-Martin-Experte Stephen Archer. „Während die meisten Kombis mit ihrem Pappkarton-Design ästhetisch nur wenig überzeugen, transportiert dieses Auto die Formensprache von Aston Martin so leichtfüßig, das es eine Freude ist – und auch den aktuellen V12 Zagato in den Schatten stellt. Die feminine Eleganz dieser Formen dürfte allerorts den Verkehr zum Erliegen bringen. Ich liebe dieses Auto!"

BS · 180

BS·180

Zagato hat seine Betrachter stets gefordert, weil ihre Entwürfe die jeweils geltenden Regeln für gutes Design in Frage stellten. Das habe ich immer bewundert.

„Die Bezeichnung *marmite car* trifft den Aston Martin Virage Shooting Brake schon recht gut", sagt der Autodesigner und Kritiker Chris Hrabalek. „Ich gehöre zu den Menschen, die ihn lieben. Er zeigt, dass ihm eine ganz klare Vision zugrunde liegt, er trifft eine originelle Aussage und bringt die Idee ohne basisdemokratische Kompromisse vom Papier auf die Straße. Man erkennt sofort, dass es sich bei diesem Shooting Brake um einen echten Zagato handelt – aber es ist kein einfallsloses Design nach dem Motto ‚Malen nach Zahlen'. Natürlich gefällt dieses Auto nicht allen Betrachtern, doch ein Einzelstück muss ja auch nicht everybody's darling sein. Die stilistische Koherenz ist verblüffend und das Designthema ist so stark, dass es einem noch lange im Gedächtnis bleibt."

„Der Aston Martin Virage Shooting Brake ist so eindrucksvoll und maskulin, weil er sich die muskulösen Aston-Modelle der 1980er-Jahre zum Vorbild nimmt", findet Mai Ikuzawa, die Kreativchefin des Magazins *Bow Wow* und Tochter des berühmten japanischen Rennfahrers Tetsu Ikuzawa. „Als berufstätige Großstadtmutter, die ihre Freizeit gerne in der Natur verbringt und mit SUVs nichts anfangen kann, hat dieses Auto auch ganz praktische Reize. Ich mag, dass es so lang, elegant und skulptural aussieht und auf Spoiler und Diffusoren im Couchtischformat verzichtet. Dieses Design hätte sogar Steve McQueen gefallen. Bei modernen Autos sind die Proportionen ja meist sehr berechenbar und enttäuschend im Vergleich zu ihren Vorfahren. Das ist bei diesem

20
BS · 180

Es ist ein echter Shooting Brake nach britischer Rezeptur, aber italienisch gewürzt – für mich die beste Kombination überhaupt!

Virage anders, er hat sogar etwas Aristokratisches an sich. Mir haben es vor allem die Scheinwerfer angetan, die den Kühlergrill zu den Seiten verlängern. Die großen Ikonen der Automobilgeschichte hatten ja allesamt charakteristische Scheinwerfer – man denke an den Dodge Charger, Citroën SM, Alfa Romeo SZ, Alfa Romeo Montreal oder Buick Riviera. Nur dass man mit diesem Auto zum Jagen oder Golfspielen fahren soll, sehe ich nicht ein – keine dieser Sportarten verdient solch ein attraktives Auto!“

„Erst einmal finde ich, dass Karosserien von Zagato grundsätzlich polarisieren sollten“, sagt Auto- und Uhrendesigner Matt Humphries. „Zagato hat seine Betrachter stets gefordert, weil ihre Entwürfe die jeweils geltenden Regeln für gutes Design in Frage stellten. Das habe ich immer bewundert. Irgendwie sind die Autos nie ganz stimmig und ergeben gerade deshalb besonders viel Sinn. Und ich liebe Shooting Brakes – es hat etwas sehr Britisches, einem tollen Sportwagen oder GT eine funktionale Ebene zu verleihen. Weniger englisch ist derweil die langgezogene Font, denn normalerweise arbeitet man hier mit kurzen Überhängen im vorderen Bereich. Ungewöhnlich ist auch der Grill mit den eingefügten Scheinwerfern, der die Schnauze breiter und länger macht, als sonst von Aston Martin gewohnt. Trotzdem ist das Design ausgewogen. Es ist ein echter Shooting Brake nach britischer Rezeptur, aber italienisch gewürzt – für mich die beste Kombination überhaupt!“

BS · 180

BMW GARMISCH

Der BMW Garmisch kehrt zurück – Hommage an Marcello Gandini

BMW wurde schon immer von italienischem Design inspiriert und beeinflusst. Beim diesjährigen Concorso d'Eleganza Villa d'Este feiert BMW den interkulturellen Austausch mit der Neuauflage des BMW Garmisch – einem Showcar, das vor 50 Jahren vom visionären Designer Marcello Gandini entworfen wurde.

Text: Jan Baedeker / Fotos: Rémi Dargegen

Die Geschichte beginnt mit der verblichenen Fotografie eines schlichten, goldfarbenen Automobils, das wie beiläufig vor einer beigefarbenen Sandsteinwand abgestellt wurde. „Ich sah dieses Bild zum ersten Mal vor einigen Jahren und es ging mir seitdem nicht mehr aus dem Kopf“, sagt Adrian van Hooydonk, Designchef der BMW Group. „Das Auto stammte ganz offensichtlich aus der Vergangenheit, und doch hatte es etwas überraschend Modernes an sich.“ Wie sich nach einer kurzen Recherche herausstellte, handelte es sich bei dem mysteriösen Automobil auf dem Foto um den BMW Garmisch, einen bei Bertone in Turin als unabhängiger Designvorschlag entwickelten Prototypen. Das war in den 1960er- und 1970er-Jahren eine gängige Praxis für Automobildesignstudios, um den großen Herstellern ihre Kreativität und Innovationsfähigkeit als Beratungsagenturen zu demonstrieren. Der BMW Garmisch wurde im Frühjahr 1970 auf dem Genfer Autosalon enthüllt. Kurz darauf verliert sich seine Spur. Zurück blieben nur einige Zeichnungen und eine Handvoll Fotografien aus dem Archiv von Bertone.

Verantwortlich für die Gestaltung des BMW Garmisch war Marcello Gandini – einer der einflussreichsten Automobildesigner der 20. Jahrhunderts. Während der 15 Jahre, in denen er das Designstudio von Bertone in Turin leitete, entwarf er einige der mutigsten und revolutionärsten Automobile dieser Epoche – darunter scharfkantige Konzeptstudien wie den Lancia Stratos Zero, aber auch Sportwagenikonen wie den Lamborghini Miura und Countach. „Marcello Gandini ist für mich einer der Großmeister des Automobildesigns“, sagt Adrian van Hooydonk. „Seine Autos faszinierten mich schon als Kind und weckten mein Interesse am Automobildesign.“

Während die dramatischen Studien und Sportwagen, die Marcello Gandini in den 1960er- und 1970er-Jahren an seinem Zeichenbrett entstehen ließ, heute von Sammlern begehrt und bei Concours-Veranstaltungen in aller Welt gefeiert werden, ist sein stilistischer Einfluss auf BMW weniger gut dokumentiert. „Der BMW Garmisch steht exemplarisch für die Designphilosophie von Bertone zu dieser Zeit und sicherlich auch für Marcello Gandinis Sicht auf die Marke BMW“, erklärt Adrian van Hooydonk. „Deshalb begeisterte mich die Idee, das Auto zurückzubringen – um Marcello Gandini als herausragenden Designer zu ehren und die Lücke in der Geschichte von BMW zu schließen.“

Seit den frühen Tagen der Marke hat BMW Beziehungen zu führenden italienischen Karosseriebau-Spezialisten und Designhäusern kultiviert. In den späten 1930er-Jahren entstand bei der Carrozzeria Touring in Mailand der BMW 328 Mille Miglia, ein so erfolgreicher wie betörend schöner Leichtbau-Aluminiumrennwagen. Während des Wirtschaftswunders in den 1950er- und 1960er-Jahren entwarf Giovanni Michelotti den BMW 700 und die „Neue Klasse“, mit dem BMW 2002 als kompakte Ikone. In den späten 1970er-Jahren schuf Giorgetto Giugiaro die rechtwinkelige Glasfaserkarosserie des BMW M1 – und damit eines der eindrucksvollsten Vorzeigeprojekte für die Fusion deutscher Rennsport-Ingenieurskunst mit italienischem Design. Doch obwohl BMW über Jahrzehnte den Austausch mit unabhängigen Designstudios in Italien pflegte, führte natürlich nicht jede Idee aus Mailand oder Turin zu einem neuen Serienmodell. Manchmal waren es nur eine neue Linie, eine ungewöhnliche Proportion oder ein überraschendes Detail, die ihren Weg in die Formensprache von BMW fanden.

Im Fall von Bertone hatte das Studio seine Verbindungen nach München bereits während der Entwicklung des BMW 3200 CS, der in den frühen 1960er-Jahren unter dem einflussreichen BMW-Designchef Wilhelm Hofmeister entstand, aufbauen können. Als Marcello Gandini im Jahr 1965 die stilistische Leitung bei Bertone übernahm, wurde bereits an einem Vorschlag für eine neue, viertürige Limousine für BMW gearbeitet – das Projekt sollte später die erste BMW 5er-Reihe beeinflussen. Nachdem Bertone auf dem Genfer Salon 1969 mit dem BMW 2800 Spicup die extravagante Designstudie eines knallgrünen Roadsters mit Anklängen an den BMW 507 gezeigt hatte, begann das Designteam mit der Planung für ein weiteres Konzeptauto.

„Die ursprüngliche Idee kam von Nuccio Bertone persönlich, der unsere bestehende Beziehung zu BMW mit einer überraschenden Designstudie auf dem Genfer Autosalon 1970 festigen und ausbauen wollte“, erinnert sich Marcello Gandini,

ROBUR
G100

„Wir wollten ein Mittelklasse-Coupé entwickeln, das einerseits der Formensprache von BMW treu blieb, andererseits aber auch etwas dynamischer herüberkam und sogar ein wenig provozierte."

der zu jener Zeit Bertones Designstudio leitete und erst kürzlich seinen 80. Geburtstag feierte. „Wir wollten ein Mittelklasse-Coupé entwickeln, das einerseits der Formensprache von BMW treu blieb, andererseits aber auch etwas dynamischer herüberkam und sogar ein wenig provozierte." In nur vier Monaten überarbeiteten Marcello Gandini und sein Team einen BMW 2002 tii, indem sie die Proportionen anpassten, eine Reihe von ungewohnten Designelementen einführten und den Wagen deutlich moderner erscheinen ließen. Während die Seitenflächen des Autos sehr aufgeräumt und glatt wirkten, überraschte der BMW Garmisch mit einer kantig-kühnen und vertikal positionierten Variation des berühmten Nieren-Kühlergrills, der von rechteckigen, verglasten Scheinwerfern flankiert wurde und dem Coupé in der Frontansicht eine starke Präsenz verlieh.

Um das Auto noch deutlicher von den Münchener Serienmodellen abzusetzen, ergänzte Marcello Gandini das Design um zwei prägnante Lufteinlässe in den C-Säulen, die mehr an Sportwagen erinnerten, und eine wabenförmig strukturierte Sonnenschutzblende auf der Heckscheibe – ein typisches Stilelement Marcello Gandinis, das sich auch beim außergewöhnlichen Lamborghini Marzal wiederfindet. „Das Team wollte sehen, wie weit sich die Marke entwickeln ließ", sagt Adrian van Hooydonk. „Aus Sicht von Bertone war das notwendig, um die Aufmerksamkeit von BMW zu erregen."

Bei vergleichbaren Designprojekten schenkte man der Innenausstattung angesichts des enormen Zeitdrucks und der Tatsache, dass zahlreiche Studien oft erst in der Nacht vor ihrer Enthüllung fertiggestellt wurden, meist nur wenig Augenmerk. Im Fall des BMW Garmisch ließ sich Marcello Gandini glücklicherweise nicht die Gelegenheit nehmen, dem Innenraum ebenfalls einen eigenständigen Charakter zu verleihen: Mit seinem ungewöhnlichen Radio, das im Hochkantformat in der Mittelkonsole angeordnet wurde, einem großen Aufklapp-Spiegel für den Beifahrer und einer extravaganten Kombination von Farben und Materialien variierte der BMW Garmisch die eher funktionalistischen Einrichtungsvorlieben der Zeit auf piemontesisch-elegante Weise.

Und dann war da natürlich der Name, der gewählt wurde, um sowohl die italienische Hautevolée, als auch die bayerischen Manager zu überzeugen: „Skifahren war zu dieser Zeit in Italien äußerst populär", erinnert sich Marcello Gandini. „Der Name Garmisch beschwor Träume von Wintersport und alpiner Eleganz."

Während die Anziehungskraft von Garmisch-Partenkirchen als Sehnsuchtsort des internationalen Jetsets seit den 1970er-Jahren etwas verblasst ist, haben der BMW Garmisch und die kreative Vision dahinter die Zeit über-

Bertone

dauert. „Marcello Gandinis Entwürfe waren immer klar und schlicht, aber auch sehr dramatisch", sagt Adrian van Hooydonk. „Deshalb finde ich seine Arbeit so inspirierend. Er hat mit wenigen Designelementen stets etwas Spektakuläres geschaffen." Im Sommer 2018 reiste Adrian van Hooydonk nach Turin, um Marcello Gandini in seinem Haus zu besuchen, mehr über den BMW Garmisch zu erfahren und ihn um seine Unterstützung zu bitten. „Natürlich wollten wir das Auto nicht ohne ihn zurückkehren lassen. Ich erzählte Marcello Gandini von unserer Idee und er hielt sie für ein wenig verrückt, aber sie gefiel ihm."

Zurück in München berief Adrian van Hooydonk ein Team von interdisziplinären Spezialisten aus den Abteilungen BMW Group Design und BMW Classic ein, um die Recherche und den Wiederaufbau zu koordinieren. Da so gut wie keine Originaldokumente mehr existieren, musste jedes Karosserie- und Interieur-Detail des BMW Garmisch aus einer Handvoll alter Fotografien abgeleitet werden, die zum Großteil sogar nur in Schwarzweiß vorlagen. Zunächst wurde das Auto am Computer in 3D nachgebaut. Dann entstand ein Modell im Maßstab 1:1, an dem die Proportionen und Details abgestimmt werden konnten.

Marcello Gandini unterstützte die Recherchen als Zeitzeuge mit eigenen Erinnerungen an den Entwicklungsprozess. So konnte das Designteam wichtige Details wie die Außenfarbe – ein helles Champagnergold-Metallic im Stil der italienischen Mode dieser Zeit – sowie die Materialien im Innenraum originalgetreu rekonstruieren. Zuletzt wurde der BMW Garmisch von kunstfertigen Karosseriekonstrukteuren in Turin von Hand gebaut – genau wie das Original vor fast 50 Jahren.

Im März 2019 wurde Adrian van Hooydonk und Marcello Gandini der fahrbereite BMW Garmisch im Museo Nazionale dell'Automobile in Turin präsentiert. „Das fertige Auto zu sehen war ein besonderes Erlebnis", sagt Adrian van Hooydonk. „Ich bin daran gewöhnt, ständig neue Designentwürfe zu begutachten. Nun stand ich plötzlich vor diesem Auto, von dem ich wusste, dass es brandneu war – und das doch direkt aus den 1970er-Jahren stammte. Ich denke, für Marcello Gandini war es ebenfalls ein bewegender Moment. Er stand neben mir und sagte, er fühle sich beim Anblick des Autos plötzlich 25 Jahre jünger. Wir betrachten das als Kompliment für das Team, das dieses Auto gebaut hat."

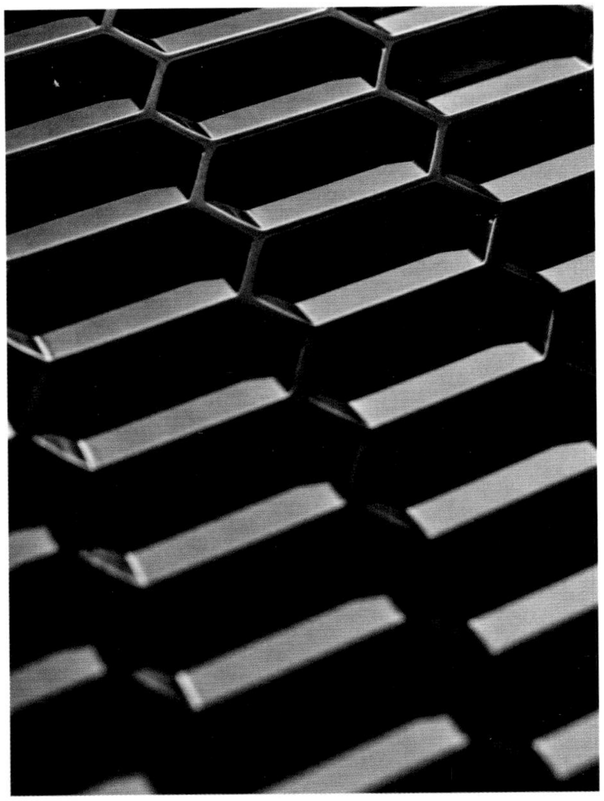

Nun stand ich plötzlich vor diesem Auto, von dem ich wusste, dass es brandneu war – und das doch direkt aus den 1970er-Jahren stammte.

Und obwohl Marcello Gandini sich als Designer noch immer mehr für die Zukunft als seine eigene Vergangenheit interessiert, war es für ihn eine freudvolle Erfahrung, ein zweites Mal am BMW Garmisch zu arbeiten. „Als ich hörte, dass der BMW Garmisch nochmals gebaut werden soll, war ich zunächst etwas überrascht", erinnert sich Marcello Gandini an sein erstes Treffen mit Adrian van Hooydonk. „Nun bin ich sehr froh, dass ich Teil dieses Projektes sein konnte und dass sich BMW dazu entschlossen hat, diese freudvolle Zeit noch einmal aufleben zu lassen. Nachdem ich das fertige Auto gesehen habe, fällt es mir sogar schwer, es vom Original zu unterscheiden." Beim Concorso d'Eleganza Villa d'Este 2019 debütiert der BMW Garmisch auch als Archetyp jenes radikalen neuen Stils, den italienische Studios wie Bertone, Italdesign und Pininfarina in den späten 1960er- und frühen 1970er-Jahren entwickelten – und der bis heute ein wichtiger Referenzpunkt für Automobildesigner ist. „Beim Concorso d'Eleganza Villa d'Este reflektieren wir die Vergangenheit, wir denken aber auch an die Zukunft", sagt Adrian van Hooydonk. „Und wir können eine Menge von Marcello Gandinis Gestaltungsweise lernen. Diesen Ansatz, mit einfachen Mitteln viel zu erreichen, halte ich noch immer für äußerst modern."

Im Anschluss an den Concorso d'Eleganza Villa d'Este 2019 wird der BMW Garmisch die Sammlung des BMW Museums in München bereichern, die Firmengeschichte um ein spannendes Kapitel ergänzen – und die Aufmerksamkeit auf eine der lebendigsten Epochen des Automobildesigns lenken. Als Beispiel für die erfolgreiche Verbindung von aufregender Technik und visionärem Design steht der BMW Garmisch exemplarisch für jene Kultur des Austausches und der Inspiration, von der sich die BMW Group auch auf ihrem Weg in die Zukunft leiten lassen wird.

PROVA
TO 1969

GUY BERRYMAN

Guy Berryman von Coldplay zeigt seine geheime Autosammlung

Als Bassist von Coldplay ist er weltbekannt. Doch Guy Berryman hat noch eine zweite, unbekannte Passion. Wie wir am Vorabend der aktuellen Coldplay-Tournee in einer Garage in England erfahren durften, geht seine Begeisterung über das Klischee „Berühmter Rockstar kauft tolle Autos" weit hinaus.

Text: James Bannister / Fotos: Tom Shaxson

Mit über 80 Millionen verkauften Platten ist Coldplay ohne Zweifel eine der erfolgreichsten Bands des neuen Jahrtausends. Da könnte man annehmen, die Musik würde das Leben von Guy Berryman bereits vollends bestimmen. Doch wunderbarerweise hat der 39-jährige gebürtige Schotte noch Zeit genug, sich seiner zweiten großen Leidenschaft zu widmen: klassischen Automobilen. Wir haben Berryman an seinem Wohnsitz in den englischen Cotswolds besucht, um herauszufinden, woher sein Interesse an Autos stammt und welche seltenen Stücke seine Traumgarage füllen.

Wie sind Sie zu den Autos gekommen?
Ich habe mich noch vor der Musik dafür interessiert. Was ich mit meinen Autos, meiner Sammlung und meinen Restaurationen mache, basiert auf reiner Passion. Ich liebe die Vorstellung, etwas Altes und Rostiges wieder zum Leben zu erwecken. Viele der Autos, die ich kaufe, müssen neu aufbereitet werden. Daher habe ich auch noch nie ein bereits restauriertes Modell erworben, daran habe ich keinen Spaß. Die Befriedigung kommt vielmehr dadurch, etwas Altes wieder zu verjüngen. Das grenzt mitunter an Masochismus, denn man denkt ja immer, das dauert nur ein paar Wochen. Dabei habe ich Autos, an denen ich auch nach fünf Jahren noch arbeite.

Mit Blick auf Ihre Kollektion, die vom Citroën SM bis zum Bugatti Veyron reicht – was inspiriert Sie bei der Auswahl?
Ich kaufe Autos, die ich mag. Die meisten erwarb ich, bevor die Preise verrückt spielten. Daher ist ein spezieller Teil meines Gehirns zwar nun auf die Investment-Abwägungs-Schiene gepolt, doch das ist nicht der Hauptgrund für meine Kaufentscheidung. Ich überlege mir sehr genau, welche Autos bleiben – es gibt eine feine Linie zwischen einem Sammler und einem, der Autos nur hortet. Nach einigen Autos suche ich konkret, andere kommen auf teils bizarre Weise eher zufällig zu mir.

Können Sie uns ein Beispiel für solch ein Auto nennen?
Ja, diesen kleinen Abarth Zagato. Ein Freund aus den Staaten rief mich an und sagte, dass er ihn entdeckt hätte. Ein Mann aus Milwaukee habe ihn zuvor seit Jahrzehnten besessen. Auf den Bildern, die er mir schickte, war das Auto noch rot lackiert, hatte aber zugleich auch diese seitlichen Lüftungsschlitze. Niemand konnte mir sagen, warum die da waren. Mich reizte es, die Herkunft des Autos zu ergründen, also schlug ich spontan zu. Ich liebe es, Nachforschungen anzustellen, und habe ein großes Archiv mit Büchern und alten Magazinen. Darin vertiefte ich mich und fand heraus, dass es sich um den ursprünglich im Besitz von Elio Zagato befindlichen Monza-Rekord-Prototypen von 1957 handelte. Ich entdeckte alte italienische ASI-Dokumente mit seinem Namen drauf. Der Wagen wurde in den 1950er-Jahren von Zagato und anderen italienischen Herrenfahrern intensiv eingesetzt. Ich fand Hunderte von Bildern, und auf dieser Grundlage rekonstruierten wir die Original-Lackierung und haben das Auto auch sonst originalgetreu restauriert.

Auf den Bildern, die er mir schickte, war das Auto noch rot lackiert, hatte aber zugleich auch diese seitlichen Lüftungsschlitze. Niemand konnte mir sagen, warum die da waren. Mich reizte es, die Herkunft des Autos herauszufinden, also schlug ich spontan zu.

Und am anderen Ende der Fahnenstange haben wir diesen Veyron hier …
Für mich ist das der größte Superstar unter allen Autos. Es gibt eine kleine Tankstelle hier in der Nähe, an der ich immer die verschiedensten Autos auffülle. Manchmal kommen Leute vorbei, sagen „Hallo“ und kommentieren mein Auto. Als ich erstmals mit dem Veyron anhielt, verursachte das einen regelrechten Volksauflauf. Die Kassierer, Leute beim Einkaufen und Tanken, alle strömten

Das ist eines der Autos, die ich als Matchbox-Spielzeugmodell hatte. Für mich ist der Dino noch immer der schönste Ferrari aller Zeiten.

zusammen. Mir war das fast schon peinlich. Das Auto war eine Sensation, als es herauskam. Und selbst wenn man sonst nichts über Autos weiß – der Veyron sagt allen etwas. Das Fahrerlebnis ist mit keinem anderen Auto vergleichbar – wenn du das Gas runterdrückst, wird so viel Luft von oben in Richtung Motor gedrückt und angesaugt, dass du dich wie in einem Raumschiff fühlst. Einfach herrlich.

Woher rührt Ihre Liebe zum Ferrari Dino?
Ganz einfach: Von seiner Form. Das ist eines der Autos, die ich als Matchbox-Spielzeugmodell hatte. Für mich ist das noch immer der schönste Ferrari aller Zeiten. Die Form hat mich schon begeistert, als ich erst zwei oder drei Jahre alt war. Und daran hat sich bis heute nichts geändert.

War es schwer, den richtigen Dino zu finden?
Ich kaufte ein silbernes Exemplar in gutem Zustand, doch es gab einige Dinge, die mir nicht gefielen. Kleine Mängel hier und da. Ich hatte zu diesem Zeitpunkt schon ziemlich viele Autos, und meine Freundin Keshia war auch nicht scharf darauf, noch mehr anzuschaffen. Doch ich fand einen anderen Dino, auch in Silber.

Welche Story verbirgt sich hinter Ihrem Jaguar E-Type?
Das Auto ist Nummer sechs der ersten Produktionslinie, also einer der allerersten E-Types überhaupt. Erstbesitzer war der legendäre Ferrari-Importeur für das Vereinigte Königreich, Colonel Ronnie Hoare. Er nahm den Jaguar mit zu einem Ferrari-Händler, damit die Jungs dort sehen konnten, welche Konkurrenz ihnen hier erwuchs. Sie nahmen ihn komplett auseinander, setzten ihn wieder zusammen und verkauften ihn dann an Mike Hailwood. Ich werde dem E-Type jetzt bald restaurieren, doch sehr behutsam. Allein das Interieur könnte einiges erzählen, ganz sicher.

Jedes Mal, wenn ich jetzt ein Auto kaufe, stelle ich mir die Frage: Habe ich wirklich Zeit genug, ab jetzt zwei Jahre in Forschungen zu diesem Fahrzeug zu investieren?

Hegen Sie noch Sympathien für andere Maschinen?
Ich tourte einmal mit einer Vorgruppe und freunde mich mit dem Schlagzeuger an. Wir entdeckten bald unsere gemeinsame Vorliebe für Spitfires und entschlossen uns, ein Exemplar anzuschaffen. Wir waren regelrecht besessen von der Idee und fanden endlich ein „Projekt". Im Grund nicht mehr als in Kartons verpackte Einzelteile und eine Identifikationsnummer. Wir kamen recht weit mit der Restaurierung, kamen aber irgendwann zum Schluss, dass es unsere Fähigkeiten übertraf. Stattdessen kauften wir dann eine Tiger Moth. Bald stellten wir aber fest, dass wir auch für dieses Fluggerät nicht qualifiziert genug waren. Also schickte ich das Ding zu einem Spezialisten, der es wieder in seinen ursprünglichen militärischen Originalzustand zurückversetzte und es weiterverkaufte. Auch wenn das nicht reibungslos lief, ist es schön zu wissen, dass wir wieder einen dieser Flieger zurück in die Luft gebracht haben. Doch danach blieb ich ganz bei den Autos hängen.

Wie zeitintensiv ist Ihr Hobby?
Am meisten Zeit verschlingen die Nachforschungen. Jedes Mal, wenn ich jetzt ein Auto kaufe, stelle ich mir die Frage: Habe ich wirklich Zeit genug, ab jetzt zwei Jahre in Forschungen zu diesem Fahrzeug zu investieren? Dennoch verbringe ich mittlerweile meine gesamte Freizeit mit Autos. Ich interessiere mich zwar auch für Fotografie, Kunst, Design und so weiter, doch mein Hauptinteresse gilt Automobilen. Selbst wenn wir auf Tournee sind, schicke ich E-Mails an Zulieferer, auf der Suche nach Teilen. Und zugleich arbeiten während meiner Abwesenheit die Jungs hier in der Werkstatt voll weiter.

Sie gehen ja der Vergangenheit Ihrer Modelle sehr akribisch auf den Grund und archivieren diese auch. Wie weit treiben Sie diese Recherchen?
Zeitweise engagierte ich sogar Privatdetektive, die in meinem Auftrag frühere Besitzer ausfindig machten. Manchmal dauern Recherchen Jahre, doch lohnt sich der Aufwand. Nehmen Sie nur meinen Alfa Romeo 6C Villa d'Este, der eine unwiederholbare, aber zuvor völlig unbekannte Vergangenheit besitzt. Ich fand ihn in Atlanta. Als ihn sein früherer Besitzer 1964 erstand, war er weiß lackiert und hatte schon einen PS-gewaltigen Corvette-Motor unter der Haube. Dazu seitlich austretende Auspuffrohre. Und wieso? Nun, weil er zuletzt bei Dragster-Rennen an den Start gegangen war, wovon noch zahlreiche Bleistift-Markierungen auf der Karosserie zeugten! Können Sie sich das vorstellen: Solch ein wundervolles Auto, 1961 in Italien gebaut, danach nach Deutschland geliefert, wird 1964 in Atlanta nach einem Leben als Dragster verkauft?

Gibt es noch Autos, von denen Sie träumen?
Im Moment habe ich so ziemlich alles, was ich mir vorstelle. Es sind jetzt 25 Autos in der Sammlung, dabei sollte es bis auf Weiteres bleiben. Mein Ferrari 275, ein Miura und ein Vignale Spyder sind gerade zur Restaurierung, und das sind ja alles Traumwagen. Ich halte jetzt ab und an auch Ausschau nach Rennwagen. Doch in Bezug auf Autos, die ich wirklich liebe – elegante europäische Modelle aus den 1960er-Jahren – bin ich bestens sortiert. Ich schätze mich wirklich glücklich. Ich liebe Autos und die Musik – zwei große Passionen, die mein Leben ausfüllen.

MONTEVERDI SAFARI

Der Monteverdi Safari war ein mythisches Schweizer Geschöpf

Peter Monteverdis gleichnamige Marke mag ein Zwerg gewesen sein, aber deswegen scheute er sich lange nicht, die Riesen der Branche herauszufordern. Monteverdis Kreation, die dieses Selbstvertrauen am besten verkörpert, ist wohl der großartige Safari.

Text: Simon de Burton / Fotos: Rémi Dargegen

Der viertürige Prototyp des Monteverdi Safari, den man auf diesen Bildern sieht, fand kürzlich seinen Weg in den Showroom des Schweizer Händlers Andreas Wüest. Seine Karriere hatte der SUV-Klassiker jedoch schon 1979 begonnen – als einer der umfassend ausgestatteten Offroader, die von Peter Monteverdi für all jene ersonnen wurden, denen ein Range Rover nicht luxuriös genug war.

Wie Kenner der Schweizer Marke wissen, basierte der Monteverdi Safari auf einem bereits existierenden SUV – nämlich dem International Harvester Scout, der vom italienischen Karosseriebauer Fissore einen neuen Aufbau erhielt. Bereits beim Monteverdi High Speed Coupé von 1968 hatten die beiden Firmen zusammengearbeitet. Obwohl es unverkennbare Ähnlichkeiten zwischen dem Safari und dem Range Rover gibt, war die Monteverdi-Schöpfung auf Anhieb erkennbar und jedes Exemplar ein wahrhaft einzigartiges, sonderangefertigtes Auto. Auch der Preis war durchaus wettbewerbsfähig: Beim Debüt kostete der zweitürige Safari auf dem heimischen Markt 39.000 Schweizer Franken, nur 5.000 CHF mehr als das Angebot von British Leyland.

Obwohl es unverkennbare Ähnlichkeiten zwischen dem Safari und dem Range Rover gibt, war die Monteverdi-Schöpfung auf Anhieb erkennbar und jedes Exemplar ein wahrhaft einzigartiges, sonderangefertigtes Auto.

Manche würden sogar behaupten, dass der Safari um einiges besser war als der Range Rover – nicht zuletzt wegen seiner größeren, leistungsfähigeren Motoren. Der kleinste Antrieb war ein 5,2-Liter-V8 von Chrysler, dessen Drehmoment Rovers Buick-Derivat übertrumpfte. Zudem bedeutete das eingebaute Verteilergetriebe, dass man den Safari – anders als beim permanenten Allradantrieb des Range Rovers – mit nur zwei angetriebenen Rädern auf der Straße fahren konnte und mühelos auf Allrad schalten konnte, wenn das Terrain anspruchsvoller wurde. Diese Technik verbesserte die Wirtschaftlichkeit, die Leistung und schonte die Bereifung.

Dass alle Safari mit Automatikgetriebe konfiguriert waren, erwies sich gegenüber dem Range Rover als weiterer Pluspunkt, denn letzterer war bis 1982 nur mit einer etwas behäbigen manuellen Schaltung erhältlich. Das, zusammen mit einem angenehmeren Handling auf der Straße und einer entspannten, aus Monteverdis GT-Modellen entlehnten Sitzposition, machte den Safari attraktiv für die Langstrecke auf der Autobahn, ohne dabei Kompetenz für die weniger zivilisierten Wege einzubüßen.

Der Aspekt, bei dem der Safari wirklich überzeugte, war die luxuriöse Ausstattung – wie Rémi Dargegens Fotos von Wüests Exemplar beeindruckend belegen. Kenner werden sofort die viertürige Ausführung entdeckt haben – es sollten damals noch zwei Jahre vergehen, ehe der erste Range Rover mit vier Türen auf den Markt kam. Das ist insofern bemerkenswert, als dieser Safari nicht nur als Prototyp einer viertürigen Versionen des Modells diente, sondern auch als Vorbild der viertürigen Range-Rover-Umbauten, die Monteverdi nach der Enthüllung des Concept Car beim Genfer Autosalon 1980 anbot.

Monteverdi entwarf dieses Upgrade, das von Fissore im Werk Savigliano umgesetzt wurde: Serienmäßige Fahrzeuge lieferte Land Rover direkt mit einem Extrasatz Türen (die vorderen und hinteren waren austauschbar) ins Werk. Es wird vermutet, dass mehr als 160 Monteverdi-Range-Rover gebaut wurden, ehe Land Rover ab 1981 begann, selbst eigene Viertür-Versionen herzustellen.

Als Prototyp wartet Wüests viertüriger Safari im Interieur mit jedem nur erdenklichen Extra auf. Wie die Fotos zeigen, profitiert die mit wunderbar verarbeitetem, hochwertigem Leder ausgekleidete Kabine von einem tragbaren TV-Gerät von Brionvega Algol – einem Designklassiker der 1970er-Jahre von Richard Sapper und Marco Zanuso, der zwischen den Rücksitzen platziert ist. Und zwar oberhalb eines geräumigen Kühlschranks. In ihm hätte man für den Fall einer besonders bedrohlichen Wüstenfahrt oder eines besonders langen und langweiligen Polo-Spiels genügend lebensspendenden Champagner für alle Insassen kühlen können.

MONTEV
Safari

Wie die Photos zeigen, profitiert die mit wunderbar verarbeitetem, hochwertigem Leder ausgekleidete Kabine von einem tragbaren TV-Gerät. Und zwar oberhalb eines geräumigen Kühlschranks. In ihm hätte man für den Fall einer besonders bedrohlichen Wüstenfahrt oder eines besonders langen und langweiligen Polo-Spiels genügend lebensspendenden Champagner für alle Insassen kühlen können.

Und werfen Sie einen Blick auf die Armaturentafel! Die Zahl an unterschiedlichsten Anzeigen stellte Range Rovers rudimentäre Ausführung stolz in den Schatten. In der vor Schaltern strotzenden Mittelkonsole – einschließlich jener für die serienmäßigen elektrischen Fensterheber – sind klug geformte und formschöne Bedienhebel für die Automatik und die niedrige und hohe Untersetzung des Verteilergetriebes zu finden. Unter der Motorhaube des Prototyps lauert derweil der 5,7-Liter-V8 von International Harvester, der diesem besonderen Safari eine Höchstgeschwindigkeit von rund 177 Stundenkilometern bescherte. Allerdings fordert dieser Safari unter Volllast gut 27 Liter auf 100 Kilometer. Eine Großzügigkeit, die selbst einen frühen Range Rover als Sparmobil erscheinen lässt.

Zum Thema Wirtschaftlichkeit: Wüest bietet auch einen weniger aufwendig konfigurierten zweitürigen Monteverdi Safari mit 5,7-Liter-Motor an – in Silber, mit schwarzem Interieur. Mit 118.000 angezeigten Kilometern auf dem Tacho wurde dieser Safari sorgfältig gepflegt und ist ab sofort fahrbereit. Ob nun mit vier Türen oder derer zwei – kann man sich ein stilvolleres und ungewöhnlicheres Gefährt für die Wintersaison vorstellen als den Monteverdi Safari, den sein Schöpfer stolz den „Schweizer Geländewagen“ taufte? Wir bezweifeln es.

Der Schweizer Geländewagen
Swiss four wheel drive
MONTEVERDI
Safari
ANDREAS WÜEST AG
MONTEVERDI
MONTEVERDI

MONTEVERDI 1979
Safari 4 Turen Prototyp

Kann man sich ein stilvolleres und ungewöhnlicheres Gefährt für die Wintersaison vorstellen als den Monteverdi Safari, den sein Schöpfer stolz den „Schweizer Geländewagen“ taufte?

ALFA ROMEO TIPO 33 STRADALE

Alfa Romeos Tipo 33 Stradale hat den größten Sexappeal aller Zeiten

Während eines Besuchs des Museo Storico von Alfa Romeo durften wir den werkseigenen Tipo 33 Stradale für ein exklusives Fotoshooting in das untergehende Licht eines Mailänder Abends rollen. Unser Mann Rémi Dargegen fing die Magie des Moments ein …

Text: Alex Easthope / Fotos: Rémi Dargegen

„Gefangen nehmend“. Nachdem wir uns den Kopf zermartert und im Lexikon ewig lange nach einem Adjektiv gesucht hatten, das bislang noch nicht für den Alfa Tipo 33 Stradale benutzt worden war, einigten wir uns auf diesen Begriff. Fasst er doch den Charakter und die Ausstrahlung dieses straßenzugelassenen Rennwagens am besten zusammen. Der Stradale ist mehr als nur ein Hingucker, er beansprucht deine ganze Aufmerksamkeit und lässt so manche Kinnlade vor Ehrfurcht herunterklappen. Und sollte das nicht jeder große Alfa können?

Man frage jeden kompetenten Automobilkenner und -historiker nach seinen zehn schönsten Autos aller Zeiten – neun von zehn würden garantiert den Tipo 33 Stradale auf die Shortlist nehmen. Natürlich ist „Schönheit“ immer subjektiv, doch für uns ist Franco Scagliones zugleich sinnliches wie kraftvolles Design nicht weniger als weltmeisterlich. Die kompakten Proportionen sind perfekt austariert, die Konturen und Wölbungen des bei Marazzi gefertigten Aluminium-Körpers erotisierend. Das ist großes Kino – innen wie außen – und bis zu den hoch an den acht Ansaugtrichtern montierten Einspritzdüsen, die beim heiseren Anlassen des Motors gierig Flammen spucken.

Wie Sie sicher wissen, wollte Alfa mit dem Tipo 33 seine Rennsporterfahrung und -technologie für ein extremes Straßenauto nutzen. Obwohl das Auto dabei vom offenen Sportprototypen zum geschlossen Supersportwagen mutierte, gingen nur wenige zugunsten der Alltagstauglichkeit zwingende Modifikationen damit einher. Das Interieur wurde zwar üppig mit Leder ausgelegt und außen verschwanden die dicken Spoiler. Doch hat der Stradale weder ein Lenkradschloss noch Rückspiegel. Und der kleine, wie beim Rennwagen als Mittelmotor eingebaute 2,0-Liter-V8 wurde kaum gedrosselt.

Die Leistungsangaben schwanken von Auto zu Auto, wie auch viele kleine Designfeatures. Doch 230 PS gelten als der am häufigsten genannte und allgemein akzeptierte Wert. Das hört sich zunächst nicht toll an, doch wiegt der Alfa nur 700 Kilo. Der erste private Besitzer eines Stradale, der Amerikaner Henry Wessels II, wurde einmal wie folgt zitiert. „Auf der Autostrada Richtung Venedig fuhr ich vier Kilometer lang mit 10.000 U/min im sechsten Gang. Dabei maß ich eine Geschwindigkeit von knapp 290 km/h.“ Kein Zweifel: Das war noch immer ein echter Racer.

Die kompakten Proportionen sind perfekt austariert, die Konturen und Wölbungen des bei Marazzi gefertigten Aluminium-Körpers erotisierend.

Mit 9,75 Millionen Lire war der Tipo 33 Stradale zudem teuer, sehr teuer sogar. Daher entstanden auch nur 18 Exemplare. Fünf wurden von Bertone, Pininfarina und Italdesign als Basis für ziemlich abgedrehte Designstudien genutzt – von denen keine auch nur halb so würdig gealtert ist wie der Stradale. Weniger als zehn Autos sollen heute noch existieren und die Suche nach einem zum Kauf angebotenen Modell ist schwieriger als die nach den meisten Ferraris der 60er-Jahre.

Wir sollten Ihnen nun verraten, dass dieser hier abgelichtete Stradale ein von Alfa Romeo in den späten 1970er-Jahren angefertigter Nachbau ist. Doch ganz ehrlich: Wen juckt es, wenn das Auto so ungemein sexy dasteht? Bis auf einige grobkörnige Promotion-Videos, einem Kurzauftritt im französisch/italienischen Film „Ein heißer November“ (1969, mit Gina Lollobrigida) und – in jüngerer Zeit – Auftritten bei Concours d’Élegance sind diese Autos selten öffentlich zu sehen. Doch diese Scheu und Zurückgezogenheit sind Teil des Mythos. Beim Anblick eines Tipo 33 Stradale bleibt niemand unberührt – so einfach ist das.

ALFA ROMEO
MILANO

Mit 9,75 Millionen Lire war der Tipo 33 Stradale zudem teuer, sehr teuer sogar. Daher entstanden auch nur 18 Exemplare.

Doch diese Scheu und Zurückgezogenheit sind Teil des Mythos. Beim Anblick eines Tipo 33 Stradale bleibt niemand unberührt – so einfach ist das.

MASERATI KHAMSIN

Ein Tag in Berlin mit Flitzer-Gründer Dirk Rumpff und seinem Maserati Khamsin

Er sagt von sich, er hätte das Lächeln eines Bond-Bösewichts. Dabei ist der Mediziner Dirk Rumpff, der rührige Geist hinter dem Flitzer Club, in Wirklichkeit nicht weniger als ein Superheld mit Faible für klassische Maserati. Wir haben ihn in Berlin besucht.

Text und Fotos: Błażej Żuławski

Je nachdem, wie man psychisch beschaffen ist, kann es entweder sehr belebend oder sehr frustrierend sein, sich in der Gegenwart eines Menschen wie Dirk aufzuhalten. Es schleicht sich schnell ein Gefühl der Unzulänglichkeit ein – nicht nur, weil er tagein, tagaus mit dem Fahrrad zur Arbeit fährt. Der wahre Grund für dieses bewegte Leben ist, dass dieser Mann einfach nicht stillsitzen kann. Wenn er nicht gerade als Notarzt und Rettungssanitäter Leben rettet oder lange Schichten als Anästhesist in der Berliner Charité absolviert, dann sind seine Tage angefüllt mit Kunst, Musik, Reisen und allen übrigen Seiten eines schönen und kultivierten Lebens. Und dazu gehört eben auch eine Leidenschaft für klassische italienische Autoschönheiten der 1960er- und 1970er-Jahre.

Wer regelmäßig *Classic Driver* liest, kennt Dirk als den Erfindes des fabelhaften Flitzer Clubs – einem einmaligen Club von gleichgesinnten Autoliebhabern. Genau genommen ist es nicht ganz richtig, die Flitzer als Club zu beschreiben. Es ist mehr eine verschworene Gemeinschaft von Seelenverwandten, die eine Passion für beherztes Fahren, Design, Architektur und lebhafte, von einem perlenden Glas Sekt begleitete Unterhaltungen schätzen. Der Flitzerkreis ist also etwas anders als der typische Oldtimer-Club, wo man fachmännisch gegen Reifen tritt, burgunderrote Chinos trägt und nichts als einen abschätzigen Blick für jene hat, deren Autos sich nicht in concoursfähigem Zustand befinden. Das Erfolgsrezept von Flitzer ist eine geheimnisvolle Formel, die nur Dirk erspürt. Aber wenn man einmal in den Kreis aufgenommen wurde, dann verblassen andere Auto-Treffen – ausgenommen höchstens die großen Ikonen wie Goodwood oder der Concorso d'Eleganza Villa d'Este.

Aber beherztes und schnelles Fahren mit Boxenstopps für Kaffee und Kuchen vor verrückt-brutalistischer Architektur, in der ausgefallene private Kunstsammlungen beheimatet sind, erzählt nicht die ganze Geschichte. Vor der Flitzer-Gründung verfolgte Dr. Rumpff eine ernsthafte Karriere als DJ für elektronische Musik. Er spielte in legendären Clubs in ganz Europa, beispielsweise im Plastic People und Rumba in London, dem Trouw in Amsterdam und natürlich den bekanntesten Adressen in Berlin und München. Er hat unter dem Namen „Season" eine Handvoll Platten veröffentlicht und moderierte seine eigene Radio-Show, die „OFF-track" hieß.

Als ich sein Berliner Loft betrete, bin ich auch nach den drei Jahren, die ich Dirk nun kenne, leicht eingeschüchtert von der Bandbreite seiner Aktivitäten. Er ist auch ein toller Fotograf und obwohl ich in diesem Fach ein bisschen besser bin als er, bin ich weit schlechterer Snowboarder und Mechaniker. Er kann mit geschlossenen Augen Bremsen entlüften und Öl wechseln, ich allenfalls die Pannenhilfe anfordern.

Das Loft, das Dirk mit seinem Partner Leo Jivetky teilt, dem früheren künstlerischen Leiter des Moskauer Bolschoi Theaters und Programmdirektor des Russischen Nationalorchesters, ist in meinen Augen die perfekte Man Cave. An den Wänden und in den Regalen faszinieren verschiedene Maserati-Sammlerstücke in einem Mix mit Kunst, die überhaupt nichts mit Autos zu tun hat. Ein paar überlegt platzierte Designobjekte beanspruchen Aufmerksamkeit, während eine beeindruckende Zahl an limitierten Autobüchern sich Raum mit Leos Sammlung historischer Musikalien teilen muss. Hier und da entdeckt man Kurioses wie einen ausgestopften Vogel oder eine Michelin-Männchen-Lampe – das Ganze verströmt einen gewissen Bohème-Charme und beweist, dass für Dirk tatsächlich der Teufel im Detail steckt.

Was man aber wirklich nicht übersehen kann, ist die zweieinhalb Tonnen schwere Sammlung von Vinylplatten, die das visuelle Herzstück des Lofts bildet. Zum privaten Studio gehören zwei gewaltige und limitierte TI5000 JBL-Lautsprecher, die Dirk seit 25 Jahren besitzt und von seinen Studentenbuden bis zu allen späteren

B-TP120H

Als die Zeit reif war und er sich einen Sportwagen aus Modena leisten konnte, kaufte er gleich fünf oder sechs davon.

Wohnungen mitgeschleppt hat. Seine Freunde nennen sie liebevoll die „Kindersärge". Zwischen ihnen ruhen zwei Plattenspieler und ein Mixer – ein weiterer Beleg, dass hier zwar ein Mediziner leben mag, er ansonsten aber nicht dem Stereotyp aus der TV-Serie entspricht.

Ich war hier schon oft zu Besuch, aber nicht mit einem offiziellen journalistischen Auftrag. Das heißt, dass es mir endlich einmal nicht peinlich sein muss, Tausende von Fragen zu einem bestimmten Gegenstand zu stellen. Und Dirk ist mehr als glücklich, mir alle Schätze zu zeigen. Ob Schachteln mit originalen Maserati-Zündkerzen „mit einem besonders hübschen Design", ein Buch mit großartigen Reproduktionen von Marcello Gandinis Zeichnungen (vom Meister selbst signiert), eine riesige Schachtel mit den ursprünglichen Maserati-Schaltplänen und -Designs über die Jahrzehnte, ein Album mit Fotos, die der junge Dirk Rumpff in den frühen Neunzigerjahren beim Oldtimer Grand Prix am Nürburgring aufgenommen hat – damals, als er als Junge mit seinem Vater Shows und Rennen besuchte. Es sind Fotos, die bereits ein Auge für das besondere Detail und einen Hang zu exquisitem Design verraten. Es war, wie er sagt, „der Moment, in dem ich mich in Autoklassiker verliebt habe".

Während wir den Ursprung seiner Autoliebe ergründen, bemerkt Dirk, dass er noch nie ein neues Auto besessen hat. Vom ersten Tag an waren es ausschließlich historische Fahrzeuge. Sein erster Klassiker war ein dunkelgrüner Volvo 164 mit rotem Interieur, dann ein Volvo Amazon, den er entdeckte, als er ein halbes Jahr als Mechanikerlehrling tätig war. Er zahlte dieses Auto über zwei Jahre in Raten ab, der Löwenanteil seines bescheidenen Gehalts. Doch die Mühe hat sich gelohnt, denn er behielt den Amazon ungefähr 17 Jahre lang – „meine längste Beziehung".

Dirks großer Traum war aber immer ein Maserati. Als die Zeit reif war und er sich einen Sportwagen aus Modena leisten konnte, kaufte er gleich fünf oder sechs davon. Gut, nicht alle zur selben Zeit, aber doch in so kurzen Zeitabständen, dass man fast von Hamstern sprechen darf. Natürlich gab es auch Fehlkäufe, denn einige Autos wie Dirks erster Khamsin waren solche Rostlauben, dass Restaurieren sinnlos war. Der Khamsin wurde verkauft, den Motor behielt er. Sein Biturbo S mit dem fantastischen Missoni-Interieur – er fuhr damit einmal problemlos die 4.000 Kilometer nach Portugal und zurück – wurden veräußert, um andere, seltenere Modelle zu kaufen.

MOSKAU

B TP 120H

Was ist noch schöner, als über klassische Maserati zu plaudern? Sie zu betrachten! Wir bewegen uns auf der Zeitachse ein paar Stunden weiter. Statt bei einem Kaffee auf der Couch zu sitzen und ein originales Maserati-Farbmuster aus den Siebzigerjahren zu bewundern, das sehr teuer bei einer Auktion ersteigert wurde, befinden wir uns jetzt ein paar Kilometer nördlich seines Neuköllner Lofts in einer Garage nahe der Karl-Marx-Allee und stehen vor einem der Projekt-Autos, die er behalten hat.

Ein teilweise restaurierter Maserati Mexico steht in einer Ecke des unscheinbaren Gebäudes. Dass solche Autos einmal in unmittelbarer Nähe von einem Höhepunkt sozialistischen Städtebaus parken, hätte vor der Wende wohl niemand zu träumen gewagt. Das Auto, das Dirk 2012 auf eBay in Gaylordsville im US-Staat Connecticut kaufte, liegt ungewöhnlich hoch, denn der 4,7-Liter-Motor mit 290 PS wurde zum Überholen ausgebaut. Außerdem fehlt der Innenraum, der kürzlich neu aufgepolstert wurde und nun hoch oben auf den Regalen in der Garage auf den Einbau wartet. Am Mexico muss noch einiges gemacht werden – er war, wie sich herausstellte, ein Showcar für die Messe in Barcelona –, aber das hat Dirk nicht daran gehindert, ihm zwei Paar Borrani-Speichenräder zu schenken. Quasi das Tüpfelchen auf dem „i" eines zehn Jahre währenden Restaurierungsprojekts.

Ich bewundere den attraktiv patinierten roten Lack, nur um zu erfahren, dass diese spezielle Vignale-Karosserie ursprünglich das Werk in Grigio Milano verließ – ein faszinierender dunkelgrauer Farbton mit einem Hauch von grün. Gäbe es nicht Dirks Farbmuster, wäre es sehr schwierig, diese historische Farbe zu reproduzieren, denn seinerzeit wurden nur 485 Exemplare des Mexico gebaut. Das ist beileibe nicht sein einziger Maserati. Um die Restaurierung des Mexico abzuschließen und sein anderes Projekt zu finanzieren – ein ebenfalls umwerfender und eigenwilliger, von Pietro Frua und Tom Tjaarda designter Maserati Kyalami, der auch in Barcelona und in Genf als Showcar fungierte, musste er sich von einem Indy America von 1971 in „Rosso Rubino" verabschieden. Mit diesem Auto hatte Dirk über die Jahre viele Roadtrips nach Italien, Südfrankreich und zum Historic Grand Prix nach Monaco unternommen. Zum Glück ging das Auto an einen Flitzer-Freund, der damit so oft wie möglich unterwegs ist – keine „Garage Queen" zu besitzen ist ein essentieller Aspekt der Rumpff-Philosophie.

Sein absoluter Schatz und Begleiter auf europaweiten Ausfahrten ist jedoch ein Maserati Khamsin von 1974 im Farbton Verde Scuro. Das ist dieser unnachahmliche, von Gandini gezeichnete GT-Keil mit dem markanten, verglasten Kammheck und den schwebenden Rückleuchten. „Top Gear"-Showmaster Jeremy Clarkson hat in einem Interview einmal erzählt, dass er, wenn er ein Auto wäre, ein Ford Granada Ghia sein wollte. Wäre Dirk Rumpff ein Auto, dann wäre er genau dieser spezielle Khamsin.

Welches andere Auto erinnert so sehr an eine architektonische Form, dass es, wenn man die Räder abmontierte und die Radläufe ausfüllte, wie ein Möbel oder der dekorative Teil eines im Stil des Brutalismus gebauten Gebäudes wirkt? Das ist ein Stil, der Dirk fesselt. Mit exquisiten Details wie asymmetrischen Belüftungsöffnungen auf der Motorhaube sieht der Khamsin in der Aufsicht fast aus wie ein suprematistisches Gemälde der russischen Kunstavantgarde. Wenn er sich durch die Stadt bewegt, sei es entlang der sozialistischen Prunkarchitektur der Karl-Marx-Allee oder dem von Renzo Piano entworfenen Potsdamer Platz, dann sieht der Khamsin nicht wie ein Automobil, sondern eher wie ein konzeptionelles Werk aus, dass geschaffen wurde, um unsere überkommenen Mobilitätsvorstellungen herauszufordern. Auch 47 Jahre später regt diese Karosserie weiter die Gedanken und die Fantasie eines zeitgemäßen Intellektuellen an – denn genau das ist Dirk Rumpff. Er ist das, was man im Englischen einen „Renaissance Man" nennt – universal gebildet und versiert. So vielfältig wie der Besitzer, könnte man festhalten, ist auch dieses Auto. Es verbindet die Merkmale eines Sportwagens – also eine 50:50-Gewichtsverteilung, Trockensumpfschmierung, 330 PS Leistung und eine Höchstgeschwindigkeit von 270 Stundenkilometern – mit den Komfortattributen eines GT: wohlige Sitze, weich gepolsterte Nackenstützen und ein großzügig bemessener Kofferraum. Gibt es ein anderes Modell aus jener Zeit, das über hydraulische, progressiv selbst-zentrierende Lenkung, eine verstellbare Lenksäule, hydraulisch bedienbare Sitze und Klappscheinwerfer sowie elektrische Fensterheber und zwei Doppelauspuffläufe mit grandiosem Sound verfügt? Vermutlich nicht.

Als wir uns aufmachen, an einigen von Dirks liebsten Berlin-Locations wie der ehemaligen tschechoslowakischen Botschaft, dem Campus der Technischen Universität oder der Philharmonie Fotos zu schießen, ist der Khamsin für mich nicht nur ein Supersportwagen, sondern auch ein Auto für Superhelden. Wie geschaffen also für einen Fahrer mit Superkräften.

Es ist ein Stil, der Dirk fesselt. Mit exquisiten Details wie asymmetrischen Belüftungsöffnungen auf der Motorhaube sieht der Khamsin in der Aufsicht fast aus wie ein suprematistisches Gemälde der russischen Kunstavantgarde.

COOL & VINTAGE

Werkstattbesuch bei Cool & Vintage, den Meistern der Custom-Landys

In sieben Jahren hat Cool & Vintage eine unverkennbare ästhetische Handschrift für stilvoll restaurierte klassische Land Rover geschaffen, die eine Kultgemeinde in der ganzen Welt begeistert. Es war jetzt endlich an der Zeit, diesen Himmel der Hipster in Lissabon zu besuchen.

Text: Alex Easthope / Fotos: Tom Shaxson

Von der Sonne geküsste Strände, schöne Surfer-Girls und dazu makellos präsentierte alte Land Rover – das kann nur die Handschrift von Cool & Vintage sein. Diese traumhaften Visionen haben dem in Lissabon beheimateten Restaurierungsbetrieb mit seiner einmaligen Interpretation von Defender- und Seriesmodellen Kultstatus beschert, der seit 2012 Land-Rover-Enthusiasten wie Hipster gleichermaßen anlockt.

Diese Bilderwelt mag zwar ausgesprochen fantasievoll und ein bisschen verrückt wirken, aber sie unterstreicht die Philosophie von Gründer und Kreativdirektor Ricardo Pessoa. Der Marketingexperte mit einer Leidenschaft für Klassiker lernte von seinem Vater im Alter von sieben Jahren, wie man einen Land Rover fährt. Dieses Auto verkörpert für ihn eines: Freiheit. „Der Land Rover formt unsere Vorstellung von Freiheit und ist ein Symbol unbegrenzter Möglichkeiten", erklärt er. „Wir wollen Menschen ansprechen, die Spaß an der Freude haben und mit diesen Autos bleibende Erlebnisse erzeugen wollen. Deswegen kreieren wir diese Filme und Fotos – sie sollen Besitzer anregen, ihre eigenen Ideen zu verwirklichen."

Pessoas Entschluss, sich ausschließlich auf Land Rover zu konzentrieren, hat mit der durch und durch funktionalen Natur dieser Autos zu tun. Alles begann damit, dass er eine Reihe von klassischen Fahrzeugen kaufte und zunächst für Freunde leicht verändert ausstattete. Die private Passion verwandelte sich schließlich in ein Unternehmen, dass jährlich zehn Land-Rover-Restaurierungen fertigt, deren überragende Qualität Kunden aus der ganzen Welt angezogen hat.

„Die Land Rover waren immer die Basis, aber vorher haben wir auch mit etlichen Alfa Romeos, Minis und manchmal auch einem Porsche gehandelt", erinnert sich Pessoa. „Aber irgendwann machte ich mir Gedanken über deren Wert und ob er steigt oder sinkt." Bei Land Rover waren diese Sorgen nie ein Thema. Im Gegenteil, es ist eher so, dass er trotz überwältigender Nachfrage, Verzögerungen beim Umbau und ungeduldigen Kunden kein größeres Vergnügen kennt, morgens als erster die Werkstatt aufzusperren und die rund 30 Fahrzeuge in ihren unterschiedlichen Umbauzuständen zu betrachten. „Wenn mir ein Exemplar besonders gut gefällt, könnten Sie mir das Doppelte des Werts bieten, ich würde es trotzdem nicht verkaufen!"

Dabei ist Cool & Vintage nur eine von Hunderten von Firmen, die Land Rover-Resto-mods bauen. Aber das Renommee der Portugiesen basiert auf zwei Gründen: die unvergleichliche Qualität der Ausführung und der ästhetische Anspruch. „Für mich zählte Land Rover immer zu den Beispielen herausragenden Industriedesigns, deshalb wollte ich nie zu viel herumspielen. Wir wollen immer der Form und der Historie treu bleiben, aber mit unserer individuellen Nuance, die sich mal in einer kräftigen Farbe oder einer aggressiveren Ausstrahlung ausdrücken kann." Ursprünglich wollte Pessoa seine Vision des ultimativen Beach Car mit einem südeuropäischen Lebensgefühl verschmelzen.

Wenn mir ein Exemplar besonders gut gefällt, könnten Sie mir das Doppelte des Werts bieten, ich würde es trotzdem nicht verkaufen!

Interessanterweise war es aber gerade Pessoas Wunsch, alltagstaugliche Autos zu gestalten, der zwar zu der kühnen Farbgestaltung und weniger zu den originellen Spezifikationen führte, die alle kennen und schätzen. Wenn man sich an die Anfangszeit von Cool & Vintage erinnert, fällt einem auf, dass die ersten Land Rover meist in Originalfarben lackiert und passend zum Baujahr korrekt spezifiziert waren. Ein Umstand, der Sammler auf der Suche nach einer günstigen Gelegenheit anzog, die aber das Auto nicht benutzen wollten. „Ich entdeckte, dass die Sammler das Interesse verloren, wenn ich die Autos in kräftigen Farben lackierte und große Räder montierte."

BRITPART
GI-17-11
VINTAGE

XN-69-48
31·22·GX
Coolvintage

Wir haben diese charakteristische Ästhetik mit Wiedererkennungswert entwickelt, die alle lieben.

Im kommenden Jahr starten Ricardo und sein talentiertes Team den 100. Umbau – längst sind Cool & Vintage im Epizentrum der Land Rover-Gemeinde für Sonderanfertigungen angekommen. Erst letzten Monat hat man unglaubliche 20.000 Aufkleber über die eigene Website verkauft. Diese Sticker dürften vermutlich auf Land Rover-Exemplaren in der ganzen Welt Aufmerksamkeit erregen. Aber inzwischen spüren Menschen auch instinktiv, welche Fahrzeuge die echte Handschrift aus Lissabon tragen – das macht Ricardo besonders stolz. „Wir haben diese charakteristische Ästhetik mit Wiedererkennungswert entwickelt, die alle lieben. Die Pointe ist, dass wenn wir heute einen Land Rover in Originalfarbe und Ausstattung aufbauen, die Menschen trotzdem erkennen, dass er von Cool & Vintage stammt.“

Cool & Vintage plant, zehn Land Rover pro Jahr zu restaurieren, wobei einer davon immer für ein spezielles Projekt reserviert bleibt, wie kürzlich das Art Car, dass 2018 mit dem portugiesischen Straßenkünstler Vasco Costa entstand. Rund die Hälfte der Produktion geht in die USA. Und obwohl Pessoa meint, dass sich die Zahl noch erhöhen ließe, zieht er europäische Kunden vor, weil sie ihm mehr kreativen Freiraum gewähren.

Je nach Modell und Spezifikation kann die Restaurierung sechs bis zehn Monate in Anspruch nehmen, mit Gesamtkosten von 70.000 Euro – beispielsweise für einen sehr originalen Series III – bis hin zu, nun ja, den Möglichkeiten eines unbegrenzten Budgets. Aktuell muss sich die Warteliste ein Jahr gedulden, und das hat seine Gründe. Jede Restaurierung fordert über 1.000 Arbeitsstunden, inklusive 1.000 Kilometer an Straßentests, um etwaige Probleme zu lösen. Und natürlich um diese traumhaften Fotoshootings zu realisieren. Die makellose Qualität des fertigen Produkts ist offensichtlich. Wie Pessoa selbst betont, hat er nicht das Rad neu erfunden. Es sind eher die vielen kleinen Details, die sich zu einem einzigartigen, gesteigerten und sofort erkennbaren ästhetischen Ganzen fügen.

LAND-ROVER
NB-78-41

Man wird auch keinen aus der Corvette verpflanzten V8 unter der Motorhaube entdecken. „Wer ein schnelles SUV sucht, sollte einen Mercedes G63 AMG kaufen. Ein Land Rover soll langsam unterwegs sein – dann entschleunigt man selbst und verzichtet auf die übliche Geräuschkulisse. Man kann nicht telefonieren, weil es zu laut, unruhig und windig ist. Man muss alles vorher erledigt haben, ehe man reinklettert. Selbst eine kurze Ausfahrt ist dann wie eine kleine Flucht aus dem Alltag."

Die Qualität, die Cool & Vintage abliefert, hat dazu geführt, dass die Projekte bei verschiedenen Veranstaltungen wie die kalifornische Parking Lot d'Elegance als eines der wichtigsten amerikanischen Land-Rover-Events präsentiert wurden. Welches der rund 90 Autos, die er inzwischen umgebaut hat, liegt Pessoa besonders am Herzen? „Meist jenes, das wir gerade fertiggestellt haben. Aber es gibt drei, die ich besonders hervorheben möchte: Beim dunkelroten Series III, den wir für Stig Edvardsen aus Oslo geschaffen haben, handelt es sich um den wohl stilvollsten Land Rover, der mir je zu Gesicht gekommen ist. Die Karosserie unseres Art Cars wurde von meinem guten Freund Vasco Costa nach allen Regeln der Kunst bemalt – unkonventionell und grenzüberschreitend. Und mit Steves mandarinenfarbigem Auto verwirklichte ich eine Idee, die ich über ein Jahr mit mir herumgetragen hatte." Die Anfrage der globalen Kultmarke Deus Ex Machina, ob er nicht ein Auto für sie bauen wolle, war für Pessoa ebenfalls ein Ritterschlag.

Pessoa verspricht für die nicht allzu ferne Zukunft ein Cool & Vintage 2.0, allerdings geht es aktuell hauptsächlich darum, ein besonderes Projekt für die Jubiläumsnummer 100 zu finden. Obwohl die Marke Cool & Vintage noch relativ jung ist, haben sie es geschafft, die eingeschweißten Land-Rover-Enthusiasten für sich zu gewinnen und damit auch neue Räume für andere zu eröffnen. Aber letztlich schenken uns die kreativen Portugiesen noch viele wunderbare Geschichten, die sich um diese robuste, zu allem bereite Ikone ranken. Wer will erst auf den Freitag warten, um das eigene Abenteuer Made in Portugal zu starten!

Ein Land Rover soll langsam unterwegs sein – dann entschleunigt man selbst und verzichtet auf die übliche Geräuschkulisse. Man kann nicht telefonieren, weil es zu laut, unruhig und windig ist.

ALOISA RUF

Morgensprint am Berninapass mit Aloisa Ruf im CTR-Jubiläumsprototypen

Was könnte es Schöneres geben, um den Winter zu vertreiben, als frühmorgens auf einen berühmten Schweizer Bergpass zu fahren? In einem 710-PS-Monster aus Kohlefaser, das von der Tochter des Mannes, der es gebaut hat, gekonnt gefahren wird.

Text und Fotos: Błażej Żuławski

„Bitte fotografiere nicht diese Details des Innenraums", bittet mich Aloisa mit einem ziemlich ernsten Gesichtsausdruck, als ich mich in den flachen und sehr gelben RUF CTR Anniversary quetsche, der vor dem Badrutt's Palace Hotel in St. Moritz parkt.

Aloisa Ruf – die man nur als „die netteste Person, die ich kenne" bezeichnen kann, da ich sie noch nie ohne Lächeln oder schlecht gelaunt gesehen habe – ist schließlich für die Öffentlichkeitsarbeit des Unternehmens zuständig. Ihre Mahnung erinnert mich daran, dass es sich hier nicht um eine Sonntagmorgenfahrt mit einem Freund handelt, sondern um ein professionelles Treffen zwischen einem Journalisten und dem offiziellen Vertreter eines Automobilherstellers.

„Das ist nur der Prototyp, und natürlich werden die Kundenautos auf höchstem Niveau fertiggestellt und können nach ihren Wünschen individuell modifiziert werden", fügt sie hinzu und schaltet das Lächeln schnell wieder ein. Dann legt sie mit einer präzisen und schnellen Armbewegung den ersten Gang ein, genauso anmutig wie sie mich soeben wieder auf meinen Platz zurückkomplementiert hat. Als wir uns auf die Passhöhe zubewegen, beginnt es zu schneien. Die Beschleunigung und das tiefe Brüllen des Bi-Turbo-Motors (mit Trockensumpfschmierung) sowie die gelegentlichen Drifts auf dem rutschigen Untergrund stimulieren mein Nervensystem besser als jeder doppelte Espresso, für den ich heute Morgen keine Zeit hatte.

Aloisa, wenn es dir nichts ausmacht, reden wir später über das Auto und fangen mit … dir an. Ich weiß, dass du Geschwister hast. Arbeiten sie alle in der Firma deines Vaters, oder bist du die Einzige?
Ich habe zwei Geschwister, die ihren eigenen Leidenschaften gefolgt sind und die nichts mit Autos zu tun haben. Sie sind sehr erfolgreich in ihren eigenen Unternehmungen, und ich bin sehr stolz auf sie. Ehrlich gesagt bin ich also die Einzige, deren Leidenschaft für Autos einmal entflammt wurde und die mich seitdem nicht mehr losgelassen hat. Ich kann mir nicht vorstellen, nicht Teil der Autowelt zu sein.

Moment, du willst mir weismachen, dass du als Kind nicht Tierärztin, Astronautin oder Feuerwehrfrau werden wolltest?
Ehrlich gesagt, nein. Natürlich habe ich manchmal über andere Berufe nachgedacht, aber ich kann nicht sagen, dass ich wirklich ernsthaft mit dem Gedanken gespielt habe, etwas anderes zu machen. Es ist schon komisch, denn manche könnten annehmen, dass ich dem Erbe folgen musste. Aber ich glaube, dass in einer Branche, in der die Liebe zu einer Sache den Erfolg bestimmt, der Weg vorgezeichnet ist. Natürlich habe ich auch andere Interessen als die Arbeit mit Autos, wie zum Beispiel die Kunst. Ich verbinde beide Welten durch meine Kunstfotografie, die ich über meinen Online-Shop verkaufe. Das könnte man als einen weiteren „Beruf" neben der Arbeit im Familienunternehmen betrachten.

Die Beschleunigung und das tiefe Brüllen des Bi-Turbo-Motors (mit Trockensumpfschmierung) sowie die gelegentlichen Drifts auf dem rutschigen Untergrund stimulieren mein Nervensystem besser als jeder doppelte Espresso, für den ich heute Morgen keine Zeit hatte.

Du sagst „mit Autos arbeiten" – ist das ein guter Zeitpunkt, um zu erwähnen, dass du das Unternehmen nicht nur in der Öffentlichkeit repräsentierst, sondern auch manchmal tatsächlich in der Produktion arbeitest?
Ich mag es, mich einzubringen und die Technik hinter unseren Autos wirklich zu verstehen. Also ja, ich arbeite an den Autos und habe Bertha, meinen eigenen Porsche 912, restauriert. Natürlich mit der Hilfe und Anleitung meiner Mechaniker-

Höhe ü.Meer 2309 ml

HOTEL

St. Moritz
Pontresina
Tirano
Poschiavo

Das ganze Auto sieht aus wie ein 964, weil wir Porsche lieben und es eine Hommage an den originalen Yellowbird ist.

Kollegen. Aber letztendlich sind wir ein Automobilhersteller und als solcher ein Ingenieurbüro. Ich nehme meinen Job sehr ernst und habe das Gefühl, dass ich wirklich alles über die Autos, die wir herstellen, wissen muss. Nicht nur auf dem Papier.

Erzähle mir etwas über den CTR, er sieht aus wie ein Porsche 964. Basiert er tatsächlich auf ... einem 964?
Nein, das ist eine komplette Sonderanfertigung mit einem von uns selbst entwickelten Kohlefaser-Monocoque. Samt einem integrierten Überrollkäfig, einem Achsträger und einer Crash-Struktur aus hochfesten Stahlrohren. Wenn man den Teppich anhebt, kann man sogar die freiliegende Wanne des Monocoques sehen. Das ganze Auto sieht aus wie ein 964, weil wir Porsche lieben und es eine Hommage an den originalen Yellowbird ist. Mit dem Modifizieren von Porsche-Autos hat ja bei RUF alles angefangen, es ist in unserer DNA verankert. Aber wir fahren hier in einer komplett maßgeschneiderten Maschine mit einer Vollcarbon-Karosserie, die länger und breiter ist als jeder 911er in dieser Form. Wenn du den Wagen neben einem Serienmodell parkst, siehst du sofort den Unterschied und wie unverhältnismäßig er ist.

Leistung? Drehmoment? Antrieb? Gewicht?
Er hat Hinterradantrieb, wie du wahrscheinlich in der letzten Haarnadelkurve bemerkt hast (lacht), weil wir das Auto so leicht wie möglich halten wollen, damit es unsere Erwartungen erfüllen kann. Deshalb ist auch der Innenraum so minimalistisch, obwohl wir auch der Meinung sind, dass Minimalismus eine eher analoge Wahrnehmung des Gesamtdesigns bedeutet. Alles, was du hier siehst, wurde speziell für dieses Auto entwickelt. Die Bremsen sind 380-mm-Scheiben mit sechs Kolben vorne und 350-mm-Scheiben mit vier Kolben hinten. Die Aufhängung ist längs montiert und wird wie bei einem Grand-Prix-Auto durch Stößelstangen (Pushrods) betätigt, sodass der CTR auch bei sehr hohen Geschwindigkeiten stabil bleibt. Der Motor ist ein 3,6-Liter-Aggregat mit Doppelturboaufladung, das 710 PS und maximal 880 Nm Drehmoment bei nur 2.750 U/min entwickelt. Höchstgeschwindigkeit: 360 km/h. 0–100 km/h: 3,5 Sekunden. Gewicht: 1.250 kg, und das sind noch nicht die endgültigen Werte.

MN RE 2017

Neulich bin ich mit meinem 912 einen Tag lang von Pfaffenhausen nach Como gefahren, einfach weil ich Lust dazu hatte.

Wahrscheinlich werden wir diese Höchstgeschwindigkeit heute nicht erreichen können, nicht unter diesen Bedingungen und nicht auf einer Schweizer Straße. Aber habt ihr bei RUF einen Windkanal? Wie testet ihr die Aerodynamik eines Hypercars in einer historisch angehauchten Karosserie?
Alle Autos werden in einem Windkanal aerodynamisch getestet, wenn wir die Tonmodelle anfertigen. Übrigens bauen wir auch eine Version mit Saugmotor, den SCR mit 510 PS und einem „Entenbürzel", sodass wir natürlich auch heraustesten mussten, wie sich ein solcher Spoiler auf die Leistung auswirkt. Mit modernen Computermodellen kann man heutzutage aber auch viel vorhersagen.

Hört sich nach einem Auto an, das ich sehr gerne fahren würde. Apropos, machst du öfters solche Fahrten wie heute Morgen?
Ja, natürlich! Ich habe eine Gruppe von Freunden, mit denen wir gerne Wochenend- oder Tagesausflüge mit Autos organisieren. Aber ich fahre auch gern allein. Neulich bin ich mit Bertha einen Tag lang von Pfaffenhausen nach Como gefahren, einfach weil ich Lust dazu hatte.

OK, wir wissen, dass du ein RUF- und Porsche-Fan bist. Aber gibt es auch Autos, die du magst, ohne es an die große Glocke zu hängen? Ich kann damit anfangen, wenn du dich dann besser fühlst – ich liebe den E65 BMW 7er, entworfen von Chris Bangle.
Das bleibt bitte unter uns (lacht) – aber ich liebe Lowrider wirklich sehr. Ich weiß nicht, was es mit ihnen auf sich hat, aber ich liebe ihr Aussehen und dass sie keinen anderen Zweck erfüllen, als Spaß zu machen. Wenn ich das meinen Freunden und Bekannten erzähle, halten sie mich alle für verrückt, denn Lowrider sind natürlich das genaue Gegenteil von dem, was wir bei RUF machen.

Als größter Fan der YouTube-Show „Hot Ones" möchte ich dieses Interview mit der klassischen Sean-Evans-Frage abschließen: Kannst du den Leuten verraten, was du im Moment in deinem Leben so treibst?
Ich reise morgen tatsächlich in die USA! Ich werde dieses Jahr enger mit dem Petersen Automotive Museum zusammenarbeiten, und ich bin wirklich gespannt, wohin mich das führen wird. Also ja, stell dir vor, wir fahren jetzt hierher, ohne uns um die Welt zu kümmern, aber morgen ...

Okay Aloisa, wir fahren besser zurück, du musst packen!

Höhe ü.M
RUF
MN RE 2017

BUGATTI EB110

Zwei Bugatti EB110 Rennwagen und die 24 Minuten von Wien

Jeder kennt die Targa Florio, den Monaco Grand Prix und den Prescott Speed Hill Climb. Allerdings gibt es da noch einen anderen, eher unbekannten Event, der tief in der Bugatti-Historie verwurzelt ist: die 24 Minuten von Wien. Bei der Ausgabe 2019 standen zwei sehr spezielle Bugatti EB110 S am Start.

Text: Alex Easthope / Fotos: Rémi Dargegen

Jedes Jahr werden rund 60 verschiedene Opern in der weltberühmten Wiener Staatsoper aufgeführt. An diesem Abend hallen jedoch auf einmal die Neorenaissance-Fassaden aus dem 19. Jahrhundert nicht von Mozarts Don Giovanni oder Puccinis Madame Butterfly wider, sondern vom schroffen Leerlauf zweier Bugatti EB110 S – den letzten von der französischen Kultmarke gebauten Werksrennwagen.

Die beiden Boliden stehen am spirituellen Herzen der Weltstadt der leichten Muse, der berühmten Staatsoper. Dies ist zugleich der traditionelle Startpunkt zu den 24 Minuten von Wien, einem in den 1920er-Jahren von aristokratischen Playboys aus der Taufe gehobenen Rennen. Dabei preschten sie im Schutz der Dunkelheit mit ihren Bugatti Type 35 über die Ringstraße, um sich dann zu den Nachtschwärmern im Café Schwarzenberg zu gesellen und dort einen Teller Gulasch mit einem guten Bier hinunterzuspülen.

Seitdem sind Bugatti-Evangelisten immer alle paar Jahre aufs Neue auf die nahezu kreisförmige und 5,2 Kilometer lange Ringstraße gefahren, um die Vergangenheit zu romantisieren und den Reifenspuren der frühen Anhänger der Marke zu folgen – in der Regel nicht zur Freude der österreichischen Behörden und des Parlaments, das bekanntlich in prominenter Lage auch direkt an der Ringstraße liegt.

Da das besagte Parlament ja gerade erst durch den „Ibiza-Gate"-Skandal erschüttert wurde und dazu kurz vor den vorgezogenen Neuwahlen im September vermutlich andere Sorgen hat als ein unter dem Radar laufendes Autorennen vor seiner Haustür, ist alles angerichtet für eine weitere Ausgabe der 24 Minuten von Wien.

Wer nicht gerade in einer Höhle im Himalaya lebt, wird wissen, dass Bugatti in diesem Jahr seinen 110. Geburtstag feiert. Und wenn die Gerüchte stimmen, wird die Marke in Pebble Beach eine moderne Hommage an den EB110 Supersport enthüllen. Da scheint es absolut angebracht, die beiden wichtigsten Varianten des 1990er-Jahre-Supersportwagen von Romano Artioli in Wien zusammenzubringen: den Bugatti EB110 S Le Mans (LM) von 1994 und einen Bugatti EB110 S Sport Competizione (SC) von 1995.

Ehe wir die imaginäre Startflagge senken und die 1.300 Pferde auf die Champs-Élysées von Wien loslassen, legen wir bei einem traditionellen Wiener Schnitzel eine kleine Geschichtsstunde ein. Quasi als Appetithappen auf dem Tisch stehen ein Turbolader des EB110, ein Teil einer BBS-Felge und die Abdeckung des Sicherungskastens.

Als wäre Bugattis italienisches Kapitel in den 1990ern nicht allein schon mutig genug gewesen, fiel auch noch die Entscheidung, den EB110 bei Langstreckenrennen einzusetzen. Schließlich erwarb sich die Marke aus Molsheim in den späten 1920er- und frühen 1930er-Jahren ihr Renommée durch Motorsportsiege. Und auch Artioli sah darin eine Chance, das Markenimage zu veredeln und technische Innovationen zu fördern.

In nur drei Monaten entstand dann in der Bugatti PS-Küche Reparto Esperienze ein für den Start bei den 24 Stunden von Le Mans gedachter blauer EB110 S LM.

Nur: Der EB110 war von Haus aus als Supersportwagen für die Straße konzipiert worden und daher wenig geeignet für Einsätze auf der Rennstrecke, was die unstillbar begeisterungsfähigen Ingenieure in Campogalliano dennoch nicht davon abhielt, es mit einer Transformation zum Rennwagen zu versuchen.

Gelder und Erfahrungswerte steuerten Partner bei, allen voran das Synergie Rennteam aus Frankreich. In nur drei Monaten entstand dann in der Bugatti PS-Küche Reparto Esperienze ein für den Start bei den 24 Stunden von Le Mans gedachter blauer EB110 S LM. In guter alter Manier wurde er auf öffentlichen Straßen nach Le Mans gefahren, begleitet vom EB110 GT-Vorführmodell des Werkes und einer Polizei-Eskorte. Artioli beließ es nie bei halben Sachen ...

01
EXXON
MAGNETI MARELLI
110 SS

IMPORTATEUR
BRITISH MOTORS PARIS
MANOIR DE L'AUTOMOBILE
LOHEAC 35
MONTE CARLO
AUTO hebdo
ESSO
110 S
Echappement

MICHELIN
EXXON
01
BBS
DIESEL
S1
BUGATTI
MICHELIN

Beim Rennen, das Bugatti zuletzt 1939 gewonnen hatte, machte der von Alain Cudini, Éric Hélary und Jean-Christophe Boullion pilotierte und die DNA des straßentauglichen Supersport verströmende EB110 S LM zunächst eine sehr gute Figur. Nach 15 Stunden lag das in der GT1-Klasse genannte Auto auf Platz sechs im Gesamtklassement, fiel dann aber mit Problemen am Turboladersystem nach 22 Stunden bis auf Platz 20 zurück. Dann kam, 45 Minuten vor Ende, das bittere, späte Aus – nach einem Dreher von Boullion beim Anbremsen der ersten Schikane auf der Hunaudières.

Für die Jungs in Campogalliano blieb dennoch die Erkenntnis, dass die ermutigende Vorstellung schon allein ein Sieg war, der dann zum Aufbau eines zweiten und radikal weiterentwickelten Modells führte: des für Rennen in der IMSA-Serie konzipierten SC. Und auch auf der anderen Seite des großen Teiches zeigte das Auto dann eine vielversprechende Performance. Bekanntlich machte die weltweite Rezession in Kombination mit – wie Artioli behauptet – Industriespionage Bugatti Automobili den Garaus. So blieb die Motorsportwelt im Ungewissen, was aus diesen Turbo-Titanen noch hätte werden können.

Doch zurück ins nächtliche Wien. Beim Bau der 1865 von Kaiser Franz Joseph feierlich eröffneten Ringstraße gehörte die Staatsoper zu den ersten dort errichteten Repräsentationsbauten. Sie bietet sich aus einem speziellen Grund als logischer Startpunkt zum 24-Minuten-Rennen an.

Als Volkswagen-Chef Ferdinand Piëch 1998 Romano Artioli als dritter Patriach der Bugatti-Geschichte folgte, war sein Briefing für den späteren Veyron eindeutig: extrem schnell, extrem stark sowie zugleich elegant und alltagstauglich genug, um ihn und seine Frau Ursula bei der Ankunft an der Oper nicht in Verlegenheit zu

MONTE CARLO
34
JVC
BBS

150 JAHRE OPERNHAUS AM RING
01
MICHELIN

bringen. Nachdem Volkswagens Tochter Bugatti Automobiles S.A.S. mittlerweile Artiolis Bugatti Automobili S.p.A. offiziell anerkannt hat, fühlt es sich schon etwas kurios an, diese so herrlich unpraktischen Campogalliano-Rennwagen mit all ihren Kampfspuren und in ihrer Rennbemalung vor „Piëch's Opernhaus" parken zu sehen. Warum sonst, denken Sie, haben unsere Fahrer wohl einen Smoking angelegt?

Lange nach Mitternacht und nachdem ein plötzlicher Regenschauer die Ringstraße von den in den zahlreichen Outdoor-Bars feiernden Gästen befreit hat, heißt es endlich: Gentlemen, start your engines! Es gehört schon etwas dazu, sich nicht von Wiens spektakulärer Architektur, einer Mischung aus Gotik, Renaissance, Barock und anderen klassischen Stilen, ablenken zu lassen. Doch der Anblick und der Sound der brüllenden EB110S, die durch den Verkehr wieseln, auf den geraden Stücken Flammen speien, vorbei am Volksgarten und in die Drahdiwaberl-Kurve zischen, schaffen das mühelos.

Gentlemen, start your engines! Es gehört schon etwas dazu, sich nicht von Wiens spektakulärer Architektur, einer Mischung aus Gotik, Renaissance, Barock und anderen klassischen Stilen, ablenken zu lassen.

An diesem Punkt müssen Sie jetzt tapfer sein. Denn mit Bedauern müssen wir Sie darüber aufklären, dass die so genannten 24 Minuten von Wien nur eine Fiktion sind – eine lustige Idee, um einen wirklich unvergesslichen Wiener Abend mit diesen unvergleichlichen Bugatti romantisch aufzuladen. Doch in einer Welt, in der Fake News an der Tagesordnung sind und sich die Gerüchte um die Pebble-Beach-Premiere von Bugatti dem Siedepunkt nähern, passt sie in die Zeit.

Es fühlt sich auch stimmig an, den EB110 weiter ins Rampenlicht zu stellen – ein Auto, das schon zu lange Zeit unverdienterweise in Vergessenheit geraten ist, doch dessen Zukunft seit der längst überfälligen Anerkennung der Leistungen von Artioli und Co. nun deutlich heller erscheint. Diese im Werk gebauten Rennversionen stehen für das Beste vom Besten aus der Ära Campogalliano, wahre technologische Tours de force, die Ettores Erbe ehren und die „was hätte sein können"-Mystik und Romantik von Bugatti Automobili verkörpern. Etwas in uns sagt, dass Sie schon in naher Zukunft noch viel mehr von ihnen sehen werden. Doch erstmal sagen wir: Danke, Wien!

110 SS

GUGLIELMO MIANI

Ein Tag in Mailand mit Kreativkopf und Autosammler Guglielmo Miani

Vom angeborenen Stilbewusstsein bis zum ausgesuchten Autogeschmack – wenn es in Mailand einen echten Classic Driver gibt, dann ist es Guglielmo Miani. Nun hat uns der Gentleman und kreative Kopf hinter der Modedynastie Larusmiani zu einer distinguierten Stadtrundfahrt eingeladen.

Text: Jan Baedeker / Fotos: Tom Shaxson

Noch bevor unser Zug an einem sonnigen Januarnachmittag in Milano Centrale einfährt, ist klar: Guglielmo Miani ist ein Mann der Tat. In einigen kurzen E-Mails und Telefonaten hat uns der Modemacher und Autosammler zu den besten Orten und Lichtverhältnissen für unsere Fotoproduktion beraten, uns in einem zentral gelegenen Grand Hotel untergebracht, in seiner privaten Garage einen Parkplatz für uns geräumt, uns einen vorläufigen Produktionsplan präsentiert, der unseren Besuch geschickt mit seinem eigenen Terminkalender verknüpft, und sogar ein Abendessen mit seinem guten Freund, dem Autosammler und potentiellen Lancia-Retter Eugenio Amos organisiert. Nun empfängt uns Miani gegenüber dem alten Mailänder Bahnhof – an seinen dunkelgrünen Bentley Turbo gelehnt, eine Steve-McQueen-Persol auf der Nase und eine schwarze Bamford-Patek am Handgelenk, den hellgrauen Angoramantel über seinen weißen Kaschmir-Rollkragenpullover geworfen und lässig an einer selbst gedrehten Zigarette ziehend – mit breitem Lächeln, als er uns erkennt.

„Wollt ihr auf der Fahrt schon Fotos machen?", fragt Guglielmo Miani – und bevor wir antworten können, hat er bereits ein Uber herangewinkt und dem Fahrer in rasantem Italienisch erklärt, wie man ein Kameraauto im Stadtverkehr manövriert. Der Mann ist wirklich nicht zu stoppen.

Der Abholservice per Bentley für Kunden, die nach Mailand kommen, um für einen neuen Anzug Maß nehmen zu lassen, ist nur eines der zahlreichen Details, die Larusmiani von allen anderen italienischen Modehäusern unterscheidet. Zu pumpenden French-House-Beats machen wir es uns auf dem Rücksitz bequem, bewundern die Mulliner-Ausstattung und den zentralen Tachometer gleich neben der ausklappbaren Whiskeybar. Der erste Stop unserer Rundfahrt ist der Flagship Store in der Via Montenapoleone, Larusmianis Hauptquartier im Herzen des Mailänder Modeviertels. „Wollt ihr auf der Fahrt schon Fotos machen?", fragt Guglielmo Miani – und bevor wir antworten können, hat er bereits ein Uber herangewinkt und dem Fahrer in rasantem Italienisch erklärt, wie man ein Kameraauto im Stadtverkehr manövriert. Der Mann ist wirklich nicht zu stoppen.

Was ist die Geschichte hinter Ihrem Familienunternehmen, der Modemarke Larusmiani?

Die Geschichte begann 1922, als mein Großvater in der Via Manzoni eine Schneiderei eröffnete. Unter dem Namen „Larus" – Italienisch für Möwe – fertigte er in Handarbeit Anzüge, Jacken, Mäntel und Regenkleidung. Bald darauf begann er, Stoffe aus Großbritannien zu importieren, die damals als die wertvollsten und schönsten Textilien der Welt galten. Was er nicht selbst verwendete, verkaufte er an andere Schneider. Bis in die 1950er- und 1960er-Jahre musste man schließlich zu einem Schneider gehen, um sich ein ordentliches Outfit anfertigen zu lassen. In diesen Jahren wurde mein Großvater zum größten Importeur von britischen Stoffen in ganz Italien. Mit dem Siegeszug der Prêt-à-Porter-Mode begann er ebenfalls, seine eigenen Kollektionen zu produzieren. Als mein Vater Ende der 1950er-Jahre in der Firma einstieg, entwickelte er eine Linie modischerer, weniger formeller Stoffe, die in Italien hergestellt wurden. Zu diesem Zeitpunkt wurde aus dem Textilimporteur Larusmiani ein Textilproduzent, der die gesamte italienische Modeindustrie belieferte. Wir gingen sozusagen den umgekehrten Weg, wie ihn Loro Piana, Etro, und Ermenegildo Zegna beschritten hatten, als sie auf Basis der Textilproduktion ihre eigenen Modemarken entwickelten.

Nachdem Sie 12 Jahre lang die Stoffproduktion geleitet hatten, haben Sie die Marke Larusmiani im Jahr 2012 von Ihrem Vater übernommen. Was haben Sie seitdem anders gemacht?

Ich habe seitdem die kreative Kontrolle über Larusmiani übernommen und der Marke meinen persönlichen Stempel aufgedrückt. Heute ist Larusmiani vor allem ein Ort, an dem moderne Gentlemen alles finden, was ihr Herz begehrt. Davon

Unser Verständnis von Luxus ist geprägt von Qualität und klassischem Understatement, allerdings ohne dabei langweilig zu sein.

abgesehen betreiben wir noch immer eine Schneiderei mit 40 Mitarbeitern in der Toskana, in der Anzüge wie zur Zeit meines Großvaters von Hand hergestellt werden. Und wir haben die älteste Marke in der Via Montenapoleone erworben – den legendären Messerladen von G. Lorenzi, der 1929 gleich gegenüber von Larusmiani eröffnet wurde.

G. Lorenzi war eine Mailänder Institution. Können Sie uns ein wenig mehr über den Mann hinter der Marke und die Produkte erzählen, die sie nun bei Larusmiani weiter verkaufen?
Aldo Lorenzi bezeichnet sich selbst als Messer-Handwerkskünstler, doch tatsächlich ist er ein wahres Genie mit zahlreichen Talenten. Er produzierte nicht nur wunderschöne Messer, er suchte und fand in aller Welt auch die besten Schmiede und verkaufte ihre Messer in seinem Laden. Bald bot er auch Rasierwaren, dann Raucher-Zubehör wie Zigarrenschneider, schließlich auch Spiele und andere elegante Accessoires für Gentlemen an. Wir freuen uns, dass wir diese Tradition nun unter dem Dach von Larusmiani weiterführen können. Übrigens sind wir der einzige Ort auf der Welt, an dem man ein maßgefertigtes Feuerzeug von S. T. Dupont als Einzelstück in Auftrag geben kann. Es sind die besten Feuerzeuge, die es gibt – und sie werden nach den Vorstellungen unserer Kunden in Frankreich gefertigt. Sie merken: Egal, ob Sie nun einen in Handarbeit maßgeschneiderten Anzug suchen, ein besonderes Rasiermesser oder einen Humidor, bei uns werden Sie fündig.

Welche Philosophie verfolgen Sie mit Ihrer Mode?
Unser Verständnis von Luxus ist geprägt von Qualität und klassischem Understatement, allerdings ohne dabei langweilig zu sein. Viele Kleidungsstücke haben einen exaltierten Twist, sodass sie auch in die Garderobe eines Dandys passen. Diese samtenen Hausmäntel zum Beispiel produzieren wir seit zwanzig Jahren – heute werden sie allerdings eher auf Partys und sogar auf der Straße getragen. Mit unseren Seidenpyjamas verhält es sich ähnlich. Unsere Kunden lieben es, diesen klassischen Herrenteilen eine neue Bedeutung zu geben. Und uns

MPH
KPH

Es ist schwer zu beschreiben, man muss dieses Viertel einfach selbst erleben. Man steht hier quasi im Epizentrum der italienischen Modekultur.

macht es Spass, die Schneidertradition mit kleinen Kniffen zu brechen und weiter zu entwickeln. Gleichzeitig erhalten Sie von uns einen perfekten Anzug auf Maß. Es liegt alles nur an Ihrem persönlichen Geschmack.

Wir verlassen den Laden von Larusmiani und wechseln auf die andere Straßenseite, um in der Pasticceria Cova – eine weitere Mailänder Institution, die ihren 200. Geburtstag feierte – einen schnellen Kaffee zu trinken. Mit der marmornen Bar, den weiß livrierten Kellnern, den Silberkannen, Kronleuchtern und mit Puderzucker bestäubten Süßigkeiten scheint die Konditorei wie eine Zeitkapsel, in der die lombardische Grandezza bis zum heutigen Tag konserviert wurde.

Sie sind Präsident des Montenapoleone-Viertels, in dem alle großen Modemarken in Mailand ihren Flagship Store betreiben. Was macht diese Gegend so besonders?
Es ist schwer zu beschreiben, man muss dieses Viertel einfach selbst erleben. Man steht hier quasi im Epizentrum der italienischen Modekultur. Man kann hier in einem Radius von 800 Metern all die verschiedenen Kollektionen und limitierten Editionen entdecken, die nur für die Mailänder Läden von Prada, Gucci und so weiter entworfen werden. Man findet diese Kleider nicht in Japan oder China, sondern nur bei uns. Das macht uns zu einem Sehnsuchtsort für anspruchsvolle Shopper. Hier ist auch die in aller Welt berühmte italienische Lebensart noch lebendig. Egal ob in dieser Bar hier, im Restaurant nebenan oder in den Hotels und Geschäften. Und all dies geschieht hier ganz natürlich, es ist kein durchinszeniertes Disneyland. Das ist die Art, wie wir leben!

Können Sie uns ein wenig mehr über den grünen Bentley Turbo verraten, in dem wir hergekommen sind?
Es ist ein Bentley Turbo RT Mulliner aus dem Jahr 1998 – das letzte von 55 Exemplaren, das von Mulliners Interior Designer Darren Day entwickelt wurde. Ich habe jahrelang nach ihm gesucht. Irgendwann stieß ich auf einer französischen Website, die Autos für Hochzeiten vermittelten, darauf. Ich bin generell fasziniert von Autos aus den Neunzigerjahren – alle meine Bentleys stammen aus dem Jahr 1998.

Was ist an den Bentleys der 1990er-Jahre so besonders?
Als ich ein Teenager war, bewunderte ich, wie sie Tür an Tür vor dem Monte Carlo Beach Club parkten. Später, als ich mich wieder für Autos aus dieser Epoche interessierte, wurde mir erst bewusst, wie rar Sie eigentlich

waren – viel seltener als die Ferraris der Neunzigerjahre. Hinzu kommt, dass sie die letzten wirklich von Hand gefertigten Bentleys waren, bevor Volkswagen die Marke übernahm. Ich bin verrückt nach Handwerkskunst und ich wusste schnell, dass dies meine Autos waren. Nachdem ich mein erstes Exemplar erstanden hatte – einen sehr speziellen schwarz-schwarzen Bentley Continental R Mulliner SE aus Berlin – suchte ich einfach weiter.

Natürlich arbeitet Guglielmo Miani nicht nur im Montenapoleone-Viertel, er wohnt auch dort – nur einige Gehminuten vom Larusmiani Store entfernt. Als wir aus dem Aufzug treten, der uns hinauf in sein Penthouse mit Blick über die Dächer von Mailand gebracht hat, staunen wir über eine eklektische Sammlung von Kunstwerken, Fotografien, Designobjekten, Autobüchern – und eine Honda Four, die neben seinem Sofa parkt. An der verspiegelten Wand des Wohnzimmers schwebt zudem die Karosserie eines roten Autodelta-Rennwagens. Der perfekte Ort also, um ein wenig mehr über die automobile Sozialisation unseres Gastgebers zu erfahren.

Seit wann begeistern Sie sich eigentlich schon für Automobile?
Mein Vater machte sich nicht allzu viel aus Autos, aber mein Patenonkel – sein Name ist Renato della Valle – war ein dreifacher Offshore-Powerboat-Weltmeister und er war verrückt nach allem mit einem starken Motor. Er baute auch die berühmten Montecarlo Offshorer Rennboote, die in den 1980er-Jahren die Nachfolge der Riva Aquarama antraten. Ich erinnere mich noch gut an seine Garage, in der vierzig Ferraris standen. Er hat mich mit dem Autovirus infiziert.

Was war Ihr erstes eigenes Auto?
Das erste Auto, das ich selbst fuhr, war der weiße Mini Moke meines Vaters auf Sardinien. Ich war ungefähr 14 Jahre alt, als er mir auf einer leeren Straße das Steuer überließ. Später, als Teenager, war ich nicht gerade gut in der Schule, und mein Vater versprach mir ein Auto, sollte ich alle Prüfungen bestehen. So kam ich zu einem schwarzen BMW M3 Sport Evo 2. Als ich nach Amerika zog, um am Babson College bei Boston Unternehmertum und Jura zu studieren, ließ ich den Wagen in Mailand zurück. Ich hatte vor Ort nur ein Fahrrad und nach neun Monaten war ich ernsthaft auf Entzug. Eines Tages entdeckte ich im Schaufenster eines Autohändlers eine rote Corvette mit rotem Interieur. Der Händler wollte 500 Euro Leihgebühr im Monat – und ich unterschrieb sofort den Vertrag. Als mein Vater davon Wind bekam, hatte er fast einen Nervenzusammenbruch. Er ließ mir umgehend per Flugzeug meinen BMW schicken. Ein halbes Jahr war ich mit dem Wagen mit meinen italienischen Nummernschildern in Boston unterwegs. Einmal fuhr ich wohl etwas zu schnell und mit qualmenden Reifen in die Newbury Street, als hinter mir ein Polizeiauto auftauchte. Als junger und heißblütiger Italiener trat ich instinktiv das Gaspedal durch – und tatsächlich konnte ich entkommen. Ich versteckte das Auto irgendwo und fuhr es die nächsten Monate nicht mehr, bis ich irgendwann neue Nummernschilder hatte. Später verkaufte ich den BMW an einen Investmentbanker in New York für den doppelten Preis.

Was sind das für Maschinen, mit denen Sie sich Ihr Wohnzimmer teilen?
Die Karosserie des Autodelta Tipo 33 habe ich günstig bei einer Auktion ersteigert. Die Honda gehörte meinem Vater. Eigentlich hatte er meiner Mutter versprochen, sie zu verkaufen – doch später entdeckte ich sie versteckt in einem unserer Warenlager. Ich habe sie restaurieren lassen und betrachte sie heute wie ein Kunstwerk.

Gibt es Autos, die Sie in Ihrer Sammlung vermissen?
Ich habe immer die Geschichte von Alfa Romeo geliebt und in früheren Jahren sowohl einen Alfa 164 als auch einen wunderschönen Alfa 147 in Cumberland Grey mit beigefarbenem Lederinterieur besessen. Morgen sehe ich mir den Alfa SZ meines Schreiners an – er hat ihn einst neu gekauft und fast nie bewegt. Es ist der einzige Alfa aus den 1990er-Jahren, der mich fasziniert. Und letztendlich ist es einfach nicht richtig, dass ein autoverrückter Mailänder wie ich keinen Alfa Romeo besitzt (lacht).

ROLLS-ROYCE CORNICHE

Cooler als cool – ein Rolls-Royce Corniche bei der Rallye Paris–Dakar

1981 starteten zwei mutige Franzosen mit einem stark modifizierten Rolls-Royce Corniche zur Rallye Paris–Dakar. Am letzten Wochenende tauschte der Luxus-Offroader den Sahara-Sand gegen das Eis von St. Moritz. Wir baten unsere Freunde von Aguttes um eine Spritztour bei Minusgraden …

Text und Fotos: Błażej Żuławski

Unter den Autos, auf die wir uns in St. Moritz während des Ice Concours of Elegance 2022 am meisten gefreut haben, war weder ein besonders wohlproportionierter Maserati mit separatem Rahmenchassis noch ein nur einmal existierender Mercedes-Benz-Rennwagen, sondern das uneheliche Kind eines Rolls-Royce, eines Chevrolet und eines Toyota HJ45. Wir treffen uns mit Gautier Rossignol, dem Leiter der Abteilung für Sammlerfahrzeuge beim Auktionshaus Aguttes, um „Jules" näher kennenzulernen.

Abgesehen davon, dass ihnen die besten Ideen unter der Dusche oder auf dem Klo kommen, haben die meisten Kreativen nur dann wahre Aha-Erlebnisse, wenn sie völlig entspannt sind und vor Ideen übersprudeln, ohne ernsthaft daran zu denken, sie zu verwirklichen. Das bedeutet, dass diese Konzepte manchmal bei einer Flasche Wein ... oder zwei oder drei geboren werden. Genau das ist Thierry de Montcorgé und Jean-Christophe Pelletier passiert, als die beiden ziemlich angeheitert beschlossen, den Rolls-Royce Corniche von Pelletier in ein Modell für die Wüstenrallye Paris–Dakar zu verwandeln. Und nur sechs Monate später wurde aus einem Auto, das wegen seiner Unzuverlässigkeit buchstäblich unbrauchbar war, eine Dakar-Legende geboren.

Aber auch wenn die Atmosphäre etwas entspannter war als heute, wurde der „Jules Dakar Prototyp" am Starttag 1. Januar 1981 als ein kleiner Scherz angesehen.

Doch zunächst ein wenig Hintergrund. 1981 fand die von Thierry Sabine ins Leben gerufene Paris–Dakar erst zum dritten Mal statt. Im Vergleich zur modernen „Dakar" noch eine kleine Veranstaltung, die wenig mit dem Mega-Event von heute zu tun hat, das professionell organisiert und mit Sponsoren gespickt ist sowie weltweit übertragen wird. Es war eher ein Neujahrsausflug von Paris runter ans Mittelmeer und – nach einer Fährpassage – dann weiter quer durch Nordwest-Afrika bis in die Hauptstadt des Senegal, Dakar. Doch Unternehmen wie Land Rover witterten bereits das Werbepotenzial und schickten einen Range Rover V8 ins Rennen, auf dem René Metge prompt das Klassement der Autos gewann. Auch der legendäre und spätere (1983) Dakar-Sieger Jacky Ickx schnupperte erstmals Wüstenluft, sah aber auf seinem zusammen mit dem Schauspieler Claude Brasseur gesteuerten Citroën CX nicht das Ziel. Aber auch wenn die Atmosphäre etwas entspannter war als heute, wurde der „Jules Dakar Prototyp" am Starttag 1. Januar 1981 als ein kleiner Scherz angesehen. Aber war er das wirklich?

„Das Auto wurde sehr schnell gebaut, in etwa sechs Monaten, jedoch erfolgte der Umbau durchaus gut durchdacht", sagt Gautier. „Um Gewicht zu sparen, wurden alle Karosserieteile, mit Ausnahme der Türen, durch Teile aus Glasfaser ersetzt, und um maximale Steifigkeit zu erzeugen, kam ein Rohrrahmen-Chassis samt einfachem Überrollkäfig zum Einbau. All dies wurde dann mit einem Toyota HJ45-Antriebsstrang mit robusten Starrachsen, Blattfedern und je zwei Stoßdämpfern pro Rad verbunden."

Der seidenweiche 6,75-Liter-Rolls-Royce-Motor wurde zugunsten eines kugelsicheren und charakterstarken 5,7-Liter-Chevy „Small Block" mit 350 PS und 530 Nm Drehmoment ausgetauscht. Wie sich Thierry de Montcorgé später erinnerte, erreichte Jules auf Schotterpisten mühelos 150 km/h, auf einer normalen Asphaltpiste waren fast 200 km/h drin. „Das Erstaunlichste war, dass sie irgendwann bis auf den 13. Platz im Gesamtklassement vorkamen und so den Konkurrenten das anfängliche sarkastische Grinsen aus den Gesichtern wich", fügt Gautier hinzu.

Das überrascht nicht im Geringsten. Abgesehen davon, dass er äußerst komfortabel ist und Teile der Holzverkleidung aus optischen Gründen beibehalten

MATCH

MATCH
Match
901 BLK 75
Jules
Jules
Jules

Jules
184
Match
901 BLK 75

Jules war ein Medienhit und brachte umgerechnet 3 Millionen Franken an Berichterstattung ein, auch wenn er am Ende der Rallye gegen einen Baum prallte und dabei stark beschädigt wurde.

wurden, ist Jules tatsächlich ziemlich clever konstruiert. Mit einem Front-Mittelmotor-Layout – der Motorblock sitzt weit hinter der Vorderachse – ist die Gewichtsverteilung genau richtig, wobei der 400-Liter-Tank im Kofferraum als Gegengewicht dient. Mit einem Gewicht von 1.440 kg und fetten Offroad-Reifen bewältigte er Dünen, in denen andere stecken blieben, mit großer Leichtigkeit. Und anders als in seinem früheren Autoleben als Privatwagen von Pelletier blieb er auch nicht liegen.

„Die leichte Karosserie machte das Auto erstaunlich sparsam. Montcorgé und Pelletier berichteten von Verbräuchen zwischen 14 und 18 Litern pro 100 km Rallye-Etappe. Eine beachtliche Leistung, denn sie hatten viel mehr erwartet, da sich das Serienfahrzeug auf offener Straße leicht 20 Liter pro Kilometer genehmigte", ergänzt Gautier.

Und was hat es mit dem Namen auf sich? Um ihr Rallye-Projekt zu unterstützen, wandte sich das Duo an Christian Dior, der gerade ein neues Herren-Aftershave namens Jules auf den Markt gebracht hatte. Das Sponsoring war ein Risiko für ein Haus, das normalerweise nicht mit dem Motorsport in Verbindung gebracht wurde. Aber es sollte sich lohnen. Jules war ein Medienhit und brachte umgerechnet 3 Millionen Franken an Berichterstattung ein, auch wenn er am Ende der Rallye gegen einen Baum prallte und dabei stark beschädigt wurde.

Am Ende kamen de Montcorgé und Pelletier immerhin noch in Dakar an, aber die Zeit, die für die Reparatur des Unfallschadens verstrichen war, ließ sie aus der Wertung fallen. „Dennoch ist dies ein Auto, das jeden, der es auch nur ansieht, sehr glücklich macht", bemerkt Gautier, während uns ein Subaru Impreza STI-Fahrer einen „Thumbs up" zeigt. Nur Rolls-Royce war nicht happy, verbot sogar, den Firmennamen im Zusammenhang mit Jules zu verwenden. Das hielt die Briten allerdings nicht davon ab, bei der Vorstellung des SUV Cullinan im Jahr 2018 ein Bild zu veröffentlichen, das Jules 1981 in der Wüste zeigt. Ich schätze, die Zeiten ändern sich!

Jules
901 BLK 75
Jules
AFRICATOURS
184

Am Ende kamen de Montcorgé und Pelletier immerhin noch in Dakar an, aber die Zeit, die für die Reparatur des Unfallschadens verstrichen war, ließ sie aus der Wertung fallen. „Dennoch ist dies ein Auto, das jeden, der es auch nur ansieht, sehr glücklich macht."

PARIS MATCH
Jules
184
AIR AFRIQUE
AFRICATOURS
901 BLK 75

KENNY SCHACHTER

Eine Verabredung zum Lunch mit Kunsthändler Kenny Schachter

Für Kunsthändler Kenny Schachter besteht kein Unterschied zwischen den Kunstwerken, die er anbietet, und den Automobilen, die er sammelt. Wir haben ihn in seinem Londoner Atelier besucht und mit einem wilden Renault 5 Turbo zu seinem täglichen Lunch im legendären Wolseley begleitet.

Text: Alex Easthope / Fotos: Tom Shaxson

Für den amerikanischen Kunsthändler Kenny Schachter gleicht kein Tag dem anderen. Es kann passieren, dass er an einem Tag einen Picasso im Wert von 30 Millionen Dollar verkauft, als nächstes eine seiner witzigen und kontroversen Kunstkolumnen über eben diese Transaktion verfasst und schließlich eine Ausstellung kuratiert, in der seine Kinder und ihre Freunde ihre Werke zeigen. Und doch gibt es eine Konstante in diesem so umtriebigen Leben: Sein Mittagessen nimmt Kenny Schachter im legendären Wolseley im Londoner Stadtteil Mayfair ein.

Angetrieben von der Schönheit der Formen, hat Kenny über 120 Automobile besessen, die allesamt einen unorthodoxen Geschmack und eine Vorliebe für die Siebziger- und Achtzigerjahre vermuten lassen. Zu seiner privaten Flotte gehören zurzeit ein Alfa Romeo Giulia Sprint GTA, ein kastanienbrauner Lancia Fulvia, ein original Martini Racing Porsche 911 RSR und einer der vermutlich besten Renault 5 Turbos auf dem Markt. Auch darf man auf keinen Fall vergessen, den klassischen Mini zu erwähnen – der ist unverzichtbar. Weil Kenny seine Autos so gern betrachtet wie seine Kunst, stehen immer ein paar Exemplare in seinem Büro in Kensington – auch wenn es dabei etwas eng werden mag: Der elektrisch-blaue Renault 5 Turbo als Artefakt der wilden Achtzigerjahre rückt mit seiner Nase direkt an Kennys Schreibtisch. Beim Lunch wollten wir von ihm nun mehr über seine beiden großen Leidenschaften erfahren.

Was war in Ihrem Leben zuerst da – die Kunst oder die Autos?
Die Autos, ohne Wenn und Aber. Während meiner Kindheit auf Long Island, New York, war ich von der Ästhetik von Autos schlicht hingerissen. Ich kann mich an nichts erinnern – den Namen meiner Frau, was ich zum Frühstück gegessen habe oder meine Teenagerjahre –, aber ich erinnere mich sehr wohl, dass ich in einer Ausgabe von *Road & Track* diesen Renault 5 Turbo gesehen habe. Er sah aus, als stammte er aus einem Cartoon. Der Porsche 911 Turbo war dann das erste Auto, das mich als Kind richtig umgehauen hat. Danach war ich süchtig.

Was war Ihr erstes Auto?
Kaum hatte ich meinen Führerschein gemacht, kaufte ich in New York einen Fiat 124. Auf dem Weg nach Hause blieb er auf der Brücke an der 59. Straße liegen. Menschen meinen immer, die Kunstwelt sei unreguliert, aber ich finde, dass das Autogeschäft noch viel, viel schlimmer ist. Selbst am oberen Ende des Marktes, bekommt man nie eine ehrliche Auskunft. Das war meine erste schlechte Erfahrung beim Autokauf, auf die noch viele folgen sollten.

Wie viele Autos haben Sie insgesamt besessen?
In den letzten 30 Jahren dürften es rund 120 Modelle gewesen sein, wobei ich mein Herz an die Siebziger- und Achtzigerjahre verloren habe. Zugegeben, der Durchlauf ist verrückt – aber ich brauche ständig Geld für mein Geschäft und verkaufe lieber ein Auto als ein Kunstwerk. Mit Automobilen spekuliere ich nicht. Ich kaufe und verkaufe sie, mache aber selten einen Gewinn. Wenn die Preise zu hoch steigen, verdirbt das auch den Spaß. Für mich sind Autos eine reine Leidenschaft – etwas, das mir schon immer viel bedeutet hat. Wenn man ein Auto fährt, sieht man es nicht, parkt man es, verliert man es aus dem Blick. Deswegen stehen meine liebsten Exemplare in meinem Büro. Ich weiß nicht, wie sie technisch funktionieren, aber ich betrachte und genieße die Formen und Farben. Das Zusammenleben mit ihnen ist eine visuelle Erfahrung, die aber auch unter die Haut geht.

Welches Auto ist Ihr ganzer Stolz?
Wahrscheinlich der Porsche 911 RSR „Mary Stewart", der 1973 in Le Mans Vierter wurde. Ich habe ihn von einem Händler in Monaco gekauft, der ihn zugelassen hatte, sodass ich mit dem Porsche theoretisch direkt nach Mayfair hätte zurückfahren können. Aber ich habe ihn noch nie bewegt. Ich denke immer an diese unersetzliche Maschine im Heck und was passieren würde, wenn sie zu Schaden käme. Irgendjemand hat meinen Porsche einmal in Frage gestellt und behauptet, das Auto sei eine Fälschung. Andy Prill, ein Spezialist für klassische Porsches, gab

5
TURB

6
KAW 294V

Ich liebe es, dass ich bei der Rückkehr nach Hause von den Dingen umgeben bin, die mir im Leben am wichtigsten sind.

mir eine Liste mit den drei bedeutendsten Porsche-Ingenieuren. Außerdem arbeitet mein Schweizer Anwalt mit der Porsche-Familie und stellte so den Kontakt zu Norbert Singer her. Er ist so etwas wie der Mick Jagger von Porsche und hat mein Exemplar mit seinen eigenen Händen gebaut. Vier Stunden lang hat er meinen RSR auf Herz und Nieren geprüft: Jede Schraube war korrekt. Ich schickte Andy Prill nach Texas und nach Kalifornien, um der Behauptung auf den Grund zu gehen. Aber dieser Mann, der von einem „Fake" gesprochen hatte, besaß kein Teil, dass von 1974 stammte – außer einem Nummernschild. Diese ganze Angelegenheit hat mich derart aufgeregt, dass ich anschließend eine Therapie machen musste.

Ihre Autos wirken wie exquisite Exemplare – wie überlegt sind Sie beim Kaufen?
Es gibt immer wieder ein neues Auto, das mich begeistert. Das Beste am Sammeln ist die intensive Suche und die Recherche, um möglichst viel über das Modell zu erfahren. Ich könnte eine Minute, aber auch zwei Jahre nach dem richtigen Auto fahnden – es kommt nur darauf an, wie impulsiv ich gerade bin und wie viel Geld ich habe. Ich hatte einmal eine Einkaufsliste, aber an den meisten Autos habe ich schon ein Häkchen setzen können. Ich mag restaurierte Autos überhaupt nicht. Ich will, dass sie so riechen wie damals, als sie neu waren. Ich habe 20.000 Pfund in die Technik meiner Alfa Romeo Giulietta investiert, aber vom Lack, den Dellen und den zerrissenen Sitzen habe ich die Hände gelassen. Mich sprechen vor allem Authentizität und Ursprünglichkeit an – es geht um die Geschichten, die sich so offenbaren, und um die Möglichkeit, in eine vergangene Epoche einzutauchen. Ich wähle aber auch Autos im Hinblick auf ihre Breite aus. Die Straßen Londons sind schmal und ich bin ein miserabler Fahrer. Was hier als zweispurige Fahrbahn gilt, wäre in New York nicht einmal eine Einbahnstraße. Ich übertreibe nicht!

Mit Ihrer Ausstellung „#Manual" brachten Sie letzten Sommer erstmals Autos zur Art Basel. Könnten Sie uns mehr darüber erzählen?
Nun, ein von Hand geschaltetes Auto ist eines, dass man tatsächlich selbst fährt. Seit ich nach London gezogen bin, hatte ich keine Automatik mehr, ich würde auch unter keinen Umständen ein Auto mit so einem Getriebe kaufen. Vor diesem Hintergrund habe ich 15 Automobile für die Art Basel ausgewählt, darunter zwei Prototypen der großen Architektin Zaha Hadid. Die Organisatoren haben mir den Stand kostenlos überlassen und die Eröffnung war fantastisch. Die reichsten und prominentesten Vertreter der internationalen Kunstszene haben meine Autos betrachtet. Manche Aussteller fanden es anstößig, dass ihr edles Mobiliar mit Automobilen konkurrieren musste. Aber was kümmert es mich? Es war besser, meine Sammlung in diesem Kontext zu erleben, als im Reservat der Automenschen. Es macht einfach mehr Spaß, wenn man ein Publikum erweitern kann und diese strikten Vorschriften, die regeln, wo und wann etwas gezeigt werden darf, durchbricht.

KAW 294V
Turbo
TURBO

5
R
24

Ich kann mich an nichts erinnern – den Namen meiner Frau, was ich zum Frühstück gegessen habe oder meine Teenagerjahre –, aber ich erinnere mich sehr wohl, dass ich in einer Ausgabe von *Road & Track* diesen Renault 5 Turbo gesehen habe.

Sie erwähnten, dass Autos weniger Freude machen, wenn ihre Werte durch die Decke schießen. Gilt das auch für die Kunstszene?
Ganz genauso. Ein Großteil meiner Sammlung wird in einem Freihafen aufbewahrt – eine große, selbstständige und steuerfreie Zone, wo man mit Kunst handeln kann ohne Steuern entrichten zu müssen. Menschen besitzen Wein, den sie nicht trinken, Häuser, die sie nicht bewohnen und Kunst, die sie sich nicht ansehen – ich finde das traurig. Andererseits sollte man nicht ein millionenschweres Gemälde im Haus herumliegen haben, dass die Kinder beim Spielen in Brand setzen könnten, oder auf das sich Hund erbricht. Kunst ist ein Teil unserer Natur und unserer Kreativität, deswegen haben sich Menschen immer von ihr anziehen lassen. Dass die Szene so vom Finanziellen bestimmt wird, ist schlecht für Puristen und Connaisseure, aber so wird zugleich ein viel größeres Publikum erreicht und der Markt expandiert. Das kann nur von Vorteil sein.

Auf welche Kunstformen haben Sie sich spezialisiert?
Ich handle mit allem von Picasso und Monet bis Cézanne, aber vor allem im Bereich der zeitgenössischen Nachkriegskunst. Es ist eine verrückte Welt mit wilden, geradezu inflationären Preisen. Ich lerne täglich Neues und es ist eine dauernde Herausforderung. Aber das ist auch der Teil, der Spaß macht. Außerdem lernt man außergewöhnliche Menschen kennen. Im Kunstgeschäft verpassen einem Freunde einen Dolchstoß in den Rücken und dann trifft man sich mit ihnen zum Essen, weil man sich nicht leisten darf, seine Feinde zu verärgern. Die Welt ist dafür zu klein. Wenn man also jemanden findet, mit dem man ins Geschäft kommen kann, dann sollte man den Moment ergreifen.

Was war Ihr denkwürdigstes Geschäft?
Wahrscheinlich der Picasso, den ich für 30 Millionen Dollar verkauft habe. Das Bild gehörte einem Sammler, der aufgrund seines Glaubens und der regionalen Instabilität nicht wünschte dass es im Mittleren Osten landen würde. Ich hatte einen Freund, der als Zwischenhändler fungierte und dem ich es verkaufte. Ich bat ihn nur, mir nicht zu sagen, wohin das Bild gehen würde. Ich habe später dann doch erfahren, dass es nach Katar veräußert wurde.

Wie unterscheiden sich die Auktionswelten von Autos und Kunst?
Im Kunstmarkt wird viel manipuliert, deswegen muss man bei einer Auktion besonders wachsam sein. Es ist die letzte Grauzone, in der Menschen viel Unfug anstellen können, ohne zur Rechenschaft gezogen zu werden. Aber die Auktionshäuser tolerieren keine schlechte Kunst, weil sie verklagt werden und ihr Renommee verlieren können. Was mich bei Automobilversteigerungen wirklich nervt, ist, dass die Auktionshäuser jedes Fahrzeug, das sie kriegen können, annehmen. Kunst muss gewissen Kriterien genügen, um bei einer großen Auktion versteigert zu werden – sie muss frisch sein und von einem Künstler stammen, der international gefragt ist. Wenn ich einen Porsche 911 Carrera 2,7 RS Leichtbau mit einer unguten Geschichte und fragwürdiger Provenienz hätte, würden ihn mir die spezialisierten Versteigerer trotzdem aus der Hand reißen. Bei der Monterey Car Week 2015 wurden 400 Millionen Dollar in einer Woche umgesetzt. Bei Christie's in New York sind es 700 Millionen Dollar in einer Stunde. Man sagt, der Wert des Kunstmarkts beläuft sich auf 45 bis 60 Milliarden Dollar pro Jahr. Sotheby's und Christie's haben jeweils einen Anteil von rund fünf Milliarden. Da sieht man die Größenordnung des Unterschieds.

Was ist Ihr Lieblingsauto?
Ich liebe den Porsche 911, weil er die ultimative Form für einen Sportwagen besitzt – er sieht aus wie eine Schlange, die gerade eine Ratte verschluckt hat. Eines meiner Kinder musste als Hausaufgabe über sein Lieblingsunternehmen schreiben. Ich habe ihm die Aufgabe abgenommen und über Porsche geschrieben. Ich formulierte, dass Ferraris zu auffällig sind und für Animositäten sorgen – aber Porsches dagegen schlicht, elegant und pannenfrei. Am nächsten Tag holte ich einen wunderschönen Porsche 911 E, den ich von Fantasy Junction in den USA gekauft hatte, am Hafen ab. Ich steuerte zur nächsten Tankstelle – und dort stand der perfekte Dino, der gerade von der schönsten Frau aller Zeiten aufgefüllt wurde. Es war wie ein Wunschtraum, der plötzlich Gestalt annahm. Als sie wegfuhr, tankte ich, setzte mich hinters Steuer – doch der 911 sprang nicht an. Ich sah ein: Es war nicht richtig, die Hausaufgabe für mein Kind zu erledigen. Mein leuchtend gelber Porsche verweigerte sich. Karma.

Sie haben Ihren Kindern dieses Kunstgen vererbt – ob das auch bei den Autos passieren wird?
Anfangs habe ich meine Kinder zu allen klassischen Events geschleppt, aber ich glaube, dass junge Leute sich nicht mehr sonderlich für diese Autothema interessieren. Ganz allgemein mache ich mir Sorgen, dass das Geschäft mit klassischen Fahrzeugen nicht mehr die Anziehungskraft besitzt, die es zu meiner Jugend hatte. Menschen sind heute dem Auto gegenüber so aggressiv eingestellt. Ich habe diese Theorie, dass man seine Klassiker in 25 Jahren nur noch in speziellen Themenparks bewegen darf.

Was bereitet Ihnen mehr Freude – Kunst oder Autos?
Ich liebe es, dass ich bei der Rückkehr nach Hause von den Dingen umgeben bin, die mir im Leben am wichtigsten sind. Meine Frau scherzt immer, dass dieses Büro nur für eine Person reicht. Aber die Tatsache, dass ich meine Leidenschaft für Autos auf diesem Level ausleben kann, schenkt mir so viel Freude wie ein grandioses Kunstwerk. Kunst zu sammeln ist mein Beruf. Autos werden immer einen wesentlichen Teil meines Lebens ausmachen, aber ich werde sie nie als Investment betrachten. Das ist besser, denn dann betrachtet man sie auf eine pure Art und Weise.

Welchen Rat würden Sie jungen Sammlern oder Händlern geben – sei es für die Kunst oder für Autos?
Das Wichtigste überhaupt ist, sich nicht zu früh zu etablieren oder sich zu verfestigen. Man sollte sich ausreichend Zeit nehmen, um zu entdecken, was man für den Rest seines Lebens machen möchte. Unter den Wochentagen mag ich die Sonntage am allerwenigsten, weil dann das Telefon nicht klingelt. Jeden Tag wache ich zugleich deprimiert und optimistisch auf – egal wie schlimm sich die Dinge entwickeln mögen, ich werde immer eine E-Maill oder einen Anruf erhalten. Ich empfinde das als eine Würdigung meiner Lebensleistung. Mein Motto: Finde deine Leidenschaft und töte sie – ruhe nicht, bis dir das gelungen ist.

FIAT-ABARTH LA PRINCIPESSA

Die Geschichte von La Principessa, der Herrscherin über Wind und Krone

Neun Langstreckenrekorden zum Trotz wurde dieser schnittige Fiat-Abarth nicht zur Königin gekrönt, sondern liebevoll zur Prinzessin ernannt. Doch eine Audienz auf der historischen Teststrecke auf dem Dach des alten Fiat-Werks Lingotto in Turin beweist: Der Principessa gehört die Krone!

Text: Alex Easthope / Fotos: Rémi Dargegen

Motorsport kann nicht der einzige Lebenszweck eines Autoherstellers sein – vor allem, wenn die Existenz von der Wirtschaftlichkeit der Marke anhängt. Aus genau diesem Grund suchte Carlo Abarth Mitte der Fünfzigerjahre nach Alternativen, um das Profil seiner gleichnamigen Sportwagen zu stärken – trotz der so unglaublichen wie beständigen Erfolge auf den Rennstrecken der Welt. Zu diesem Bemühen zählte es auch, neue Langstreckenrekorde aufzustellen. Zwangsläufig, scheint es, hatte der legendär eigensinnige Ingenieur mit dieser Strategie Erfolg.

Aus der kleinen Reihe der äußerst stromlinienförmigen Rennmaschinen, die Abarth in der zweiten Hälfte der Fünfzigerjahre konstruierte, sticht dieses liebevoll „La Principessa" getaufte Auto hervor – war sie doch eine der letzten und faszinierendsten Rekordflundern. Mit dem Design wurde Battista „Pinin" Farina betraut, der sehr eng mit einem Aerodynamiker im Windkanal der Polytechnischen Universität von Turin zusammenarbeitete, um diesen zierlichen aber sinnlichen Körper zu erschaffen.

Der Luftwidertandsbeiwert von 0,20 lässt selbst moderne Aerodynamik-Heroen wie den BMW i8 oder das Tesla Model S vergleichsweise alt aussehen.

Mit Kurven, die an eine Coca-Cola-Flasche erinnerten, einer markanten Radverkleidung und einem wie abgehackt wirkenden Lenkrad, hinter dem der Fahrer umgeben von der Glaskanzel eines Kampfjets Platz nahm, strotzt die Prinzessin vor Selbstsicherheit und Siegeswillen. Der Luftwidertandsbeiwert von 0,20 lässt selbst moderne Aerodynamik-Heroen wie den BMW i8 oder das Tesla Model S vergleichsweise alt aussehen. Unter der windschlüpfigen Karosserie hatte Abarth seinen „Bialbero"-Vierzylinder mit 1,0 Liter Hubraum platziert, der gut 100 PS bereitstellte und in Kombination mit dem Vierganggetriebe auf rund 217 Stundenkilometer beschleunigen konnte.

Es ist also kein Wunder, dass „La Principessa" für ihre Aufgabe bestens vorbereitet war: für eine sehr, sehr lange Zeit mit Höchstgeschwindigkeit zu fahren. Auf den historischen Steilwänden von Monza hat die Prinzessin nicht weniger als neun atemberaubende Rekorde erzielt, darunter 10.000 Kilometer mit einer Durchschnittsgeschwindigkeit von rund 190 Stundenkilometern, 12 Stunden bei Tempo 203 km/h und 72 Stunden lang 187 km/h.

Der Mann, der bei einigen dieser bemerkenswerten Speed-Vorführungen hinterm Steuer saß, war Mario Poltronieri – ein Pionier der Marke Abarth, der später zu einem der berühmtesten Formel-1-Kommentatoren reifte. Es passt zu dieser einzigartigen Geschichte, dass genau in dem Jahr, in welchem die schöne Schnelle wieder einmal ihren Anspruch anmeldete, einer ihrer besten Piloten verstarb.

Als die kleine Rennmaschine in Ehren in den Ruhestand verabschiedet wurde, ging sie erst in den Besitz von Pininfarina über und wurde dann von der Bertolero-Familie gekauft, wo sie seither residiert. Simone Bertolero, der so liebenswürdig war, diesen Abarth nach Lingotto zu bringen, berichtet uns auf dem Werksdach, wie die Geschichte von „La Principessa" weiterging: „Mein Vater kaufte das Auto vor langer Zeit direkt vom Pininfarina-Museum. Wir hatten eine ganze Reihe Autos von Pininfarina in unserer Sammlung – beispielsweise den Ferrari 512-Prototyp."

„Die Karosserie wurde nie restauriert und ist somit in wahrem Originalzustand. Beim diesjährigen Concorso d'Eleganza Villa d'Este haben wir die FIVA-Trophy für das am besten erhaltene Nachkriegsauto gewonnen." Aber nicht nur die

pininfarina

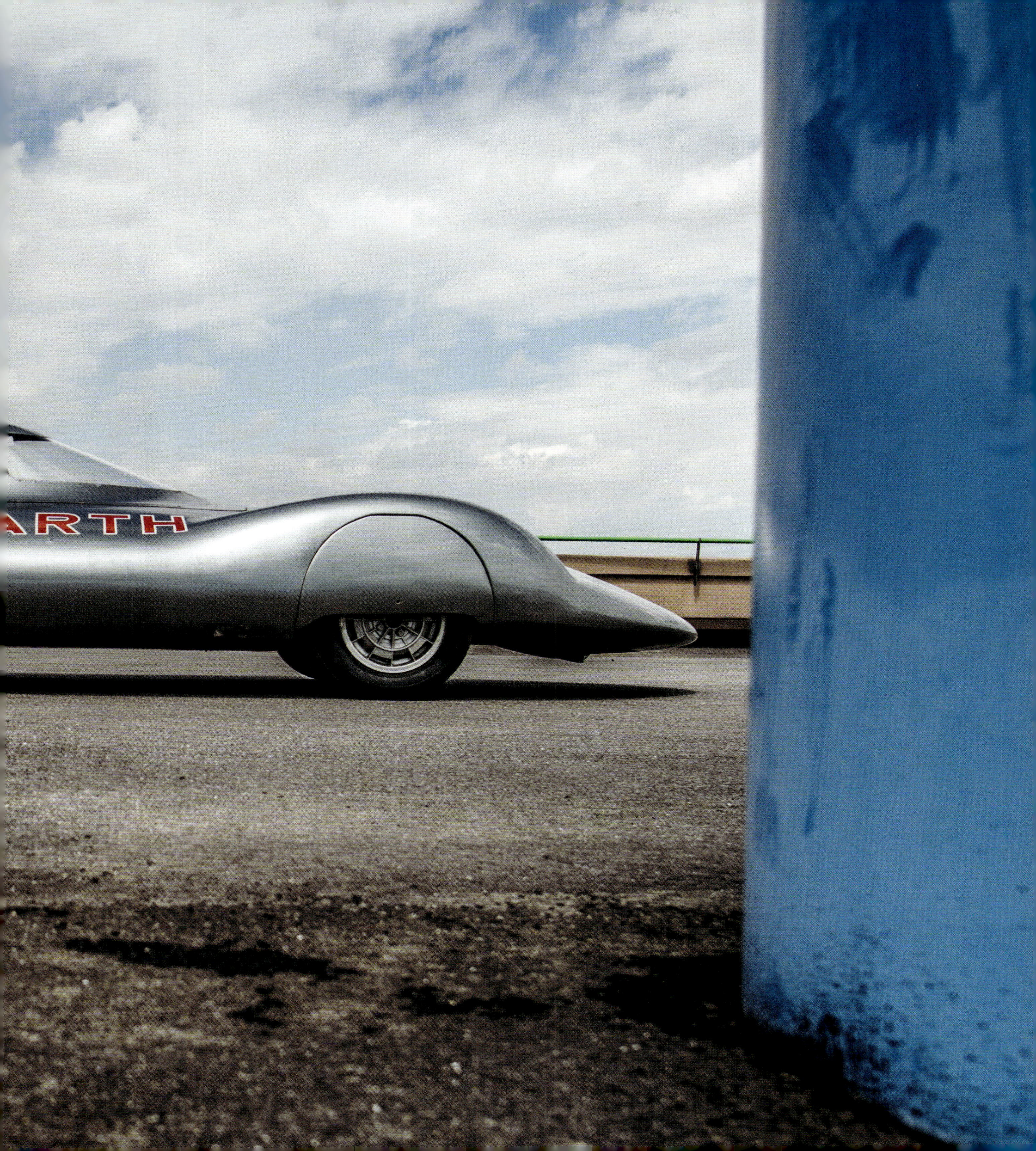
ARTH

FIAT

Als Zeugnis der innovativen Kunst Carlo Abarths und „Pinin“ Farinas sollte möglichst viele Menschen dieses Auto sehen und bewundern dürfen.

Juroren haben ihr Herz an „La Principessa“ verloren. Selten wurden wohl so fieberhaft Smartphones gezückt, als in dem Augenblick, als der kleine Abarth fauchend ums Gelände der Villa d'Este fuhr. Ähnlich wild sauste er auf dem Dach von Lingotto, wobei die holprige, ausgediente Versuchsstrecke das 1,20 Meter flache Auto gehörig durchrüttelte. „Die Fahrbahn ist in schlechtem Zustand und wir haben eine Menge Krach gemacht, um die Turiner unter uns zu stören,“ sagt Simone lachend, „aber es macht einen Riesenspaß, dieses Auto zu fahren.“

Jetzt ist das Auto schon unterwegs nach Pebble Beach, wo Simone darauf hofft, dass die Juroren des wichtigen Concours d'Elegance ebenso wie ihre Kollegen bei der Villa d'Este ihren Hut vor „La Principessa“ ziehen. Egal, ob sie nun über den feinen Kies rollt, auf dem ehrwürdigen Asphalt von Lingotto ihre Kreise zieht oder sich auf dem manikürten Rasen von Pebble Beach bestaunen lässt – wir sind uns ziemlich sicher, dass der Prinzessin zur rechten Zeit noch die verdiente Krone aufgesetzt wird. Als Zeugnis der innovativen Kunst Carlo Abarths und „Pinin“ Farinas sollte möglichst viele Menschen dieses Auto sehen und bewundern dürfen. Unser Dank gebührt Simone, der die schlafende Prinzessin zu unserer Freude geweckt hat.

FIAT
ABARTH

Selten wurden wohl so fieberhaft Smartphones gezückt, als in dem Augenblick, als der kleine Abarth fauchend ums Gelände der Villa d'Este fuhr.

HUILE

RANGE ROVER GOODWOOD

Ein Himmel ohne Grenzen mit dem Range Rover Goodwood von Wood & Pickett

Der Range Rover war als 4x4 erste Wahl für Royals und Industriebarone. Aber die glamouröse Community vermisste doch sehr eine offene Version für ihre tropischen Zufluchtsorte. Die Londoner Karosseriebauer Wood & Pickett haben diese Lücke einst mit exklusiver Qualität und Stil geschlossen.

Text: Simon de Burton / Fotos: Jasper Schwering

Luxus-SUV sind heute so selbstverständlich wie Hausstaub. Aber legen wir den Rückwärtsgang ein und manövrieren ungefähr vierzig Jahre zurück: Da kam wirklich nur dieser eine in Frage – jener legendäre, originale Range Rover, den wir heute als „Classic“ kennen. Und diese Art wird kaum klassischer – und seltener – in Erscheinung treten, als bei diesem herausragend restaurierten und klug konzipierten Restomod-Cabrio, das in unseren Augen die aktuelle Konkurrenz mühelos deklassiert.

Natürlich hatte Mercedes-Benz in den Achtzigerjahren die G-Klasse im Angebot und Jeep den Wagoneer, doch Erstere war eher als Lastesel ausgelegt, während dem Jeep das gewisse Etwas fehlte. Obwohl der Range Rover äußerst beliebt war – im Jargon der Werbetexter: „The best four by four by far“ –, gab es dennoch genug Interessenten, die sich ein ganz besonderes Modell wünschten, das sich von der Serie abhob.

Die Verantwortlichen in Solihull erkannten das 1980 selbst, als sie der Vogue für ein Fashion-Shooting in Biarritz einen Prototyp zur Verfügung stellten, der entwickelt worden war, um die Markttauglichkeit eines Range Rover „ultra luxe“ zu testen. Beim Erscheinen der Fotostrecke gab es ebenso viele Anfragen zum Auto wie zur Mode von Jaeger und zum Parfum von Lancôme, die eigentlich beworben werden sollten. Man legte also eine erste Serie von 1.000 „Vogue“-Sondereditionen auf.

Der Prototyp stammte von Wood & Pickett in London, einem Unternehmen, das zwanzig Jahre zuvor von den ehemaligen Hooper-Coachworks-Mitarbeitern Bill Wood und Les Pickett gegründet worden war. Der Veredler wurde zunächst durch luxuriöse und kostspielige Upgrades für den Mini bekannt, die anfangs auch die Aufmerksamkeit von Berühmtheiten wie Rolling-Stones-Frontmann Mick Jagger und später der superreichen Ölscheichs des Mittleren Ostens erregten.

Bald boomte bei W & P – aber auch bei Rivalen wie Vantagefield, Glenfrome, Monteverdi und Rapport – das Geschäft mit Range-Rover-Optimierungen. Sie profitierten vom kantigen Design des Autos mit separatem Chassis, um ein Spektrum an Formen von Stretch-Limousinen bis hin zu Varianten für die Jagd und Safaris, zum Transport für die Polo-Ausrüstung und für aufwendige Picknick-Sets zu entwerfen. Die Exemplare von Wood & Pickett gehörten dabei zu den gelungensten. Geschäftsführer Eddie Collins, vorher Marketingchef beim konkurrierenden Mini-Veredler Radford, war ein Verkaufsgenie, das vermutlich Araber davon überzeugt hätte, in Sand zu investieren. Stattdessen verkaufte er ihnen offene Range Rover – er schlug Kapital daraus, dass der finanziell klamme Besitzer British Leyland (damals noch Eigner von Land Rover) nicht in der Lage war, eine eigene Softtop-Variante zu entwerfen und herzustellen.

Vieles in der Historie dieses Range Rover Convertible von Wood & Pickett verliert sich im Dunkel der Zeit, doch wenn das Cabrio seine frühe Karriere bei vornehmen Wüstenausfahrten verbracht hat, dann muss es irgendwo verhängnisvoll abgebogen sein. Denn es landete schlussendlich in einer heruntergekommenen Siedlung in Polen, wo der offene Range vor rund zehn Jahren von seinem aktuellen Besitzer entdeckt wurde.

Obwohl es noch die originale Range-Rover-Außenfarbe „Masai Red“ trug, befand sich das Auto in einem desolaten Zustand. Das elektrisch zu bedienende Dach war zerrissen und löchrig, dadurch sickerte Regenwasser in den Innenraum und zerstörte alles von den Veloursitzen bis hin zu den einst glänzend polierten Edelholz-Applikationen. Der ursprüngliche 3,5-Liter-Vergasermotor war durch ein unruhig laufendes Einspritz-Monstrum ersetzt worden – ob dieser Range Rover je wieder zu bewegen sein würde, war fraglich. Selbst der Kaufpreis von rund 6.000 Euro war kaum ein Schnäppchen (fast 4.000 Euro weniger als die Kosten für den Originalumbau in den Achtzigerjahren). Aber als echter Car Guy konnte

RANGE ROVER

der aktuelle Eigner nicht zulassen, diese Rarität der Land Rover-Geschichte ihr Leben auf einem Schrottplatz aushaucht.

Nach dem Verkauf wurde das Auto nach Deutschland gebracht, wo es komplett auseinandergenommen wurde, um es für eine Komplettrestaurierung vorzubereiten. Ein Projekt, das sich als recht anspruchsvolles Unternehmen herausstellen sollte. Tatsächlich dauerte dieser Prozess acht Jahre, inklusive des Erwerbs eines zusätzlichen viertürigen Spenderfahrzeugs, denn es galt, den ursprünglichen, arg vernachlässigten Veteran in das zu verwandeln, was Sie hier bewundern können: ein Range-Rover-Cabrio ohnegleichen.

Obwohl man ihn sofort als einen von Wood & Picketts zweitürigen „Goodwood"-Umbauten erkennt, erhielt der Wagen auch noch einen gewissen Safari-Look, nicht nur durch die makellose Lackierung in der Rolls-Royce-Farbe „Fenland Sedge" und farblich passende Vogue-Räder, sondern auch durch ein perfekt geschneidertes Cabriodach, das sich wie einst mühelos per Knopfdruck bewegen lässt. Das komplett neue Interieur in Biscuit-Leder greift das Safari-Wüsten-Thema ebenfalls auf, während das aufgefrischte Holz und das Moto-Lita-Lenkrad den Qualitätsanspruch nochmals unterstreichen.

Was man auf den ersten Blick nicht vermuten würde: Dieser offene Range Rover fährt genauso überzeugend wie er aussieht, denn während der Restaurierung entschied man sich, den Vorteil

RANGE ROVER

Obwohl der Range Rover äußerst beliebt war – im Jargon der Werbetexter: „The best four by four by far“ –, gab es dennoch genug Interessenten, die sich ein ganz besonderes Modell wünschten, das sich von der Serie abhob.

RANGE ROVER

ONE
MAERSK
SEALAND
RANGE ROVER

des Goodwood-Umbaus – das verstärkte Fahrwerk – zu nutzen und einen 4,6-Liter-Einspritzmotor einzubauen. Damit steigerte sich die Ausgangsleistung von knapp 170 PS auf wesentlich lebhaftere 218 PS. Das erforderte natürlich signifikante Modifikationen an Bremsen und Federung. Die Geländetauglichkeit wurde durch einen Satz Geländereifen von BF Goodrich, der die Radläufe schön ausfüllt, deutlich verbessert. Und damit wirklich alle Passagiere während der Open-Air-Momente die Musik genießen können, wurde im Innenraum ein extrem leistungsfähiges Multilautsprecher-Soundsystem integriert.

Jetzt erstrahlt dieser einmalige Wood & Pickett Range Rover Goodwood wieder in echtem „Showroom“-Zustand und steht bereit für neue Abenteuer. Ob fröhliche Tour zum Strand einer sonnendurchtränkten Insel, ob mit skifahrenden Freunden Richtung Piste oder ob mit Kamera auf Großwildjagd in Afrika: Uns fallen beim besten Willen kaum Klassiker ein, die zugleich so praktisch, kompetent, variationsreich und formvollendet sind. Vielleicht gilt jetzt wieder die alte Verheißung: „The best four by four by far.“ So unnachahmlich elegant und leistungsfähig auf allen Vieren.

FERRARI 166 MM

Wir haben Mailand aufgeweckt – mit Gianni Agnellis Ferrari 166 MM

Gerade erst erhellt die Dämmerung den Himmel über Mailand, als ein metallisches Brüllen den Frieden abrupt beendet. Die lärmende Barchetta ist nicht irgendein Sportwagen, sondern jener Ferrari 166 Mille Miglia, der einst Gianni Agnelli gehörte. Rémi Dargegen hat ihn auf einen Espresso ausgeführt.

Text und Fotos: Rémi Dargegen

Falls Sie die letzten Monate im Wachkoma oder beim Klettern am Machu Picchu verbracht haben, dürfte ihnen vielleicht eine der wichtigsten Meldungen des Klassiker-Jahres entgangen sein: Mit der „Coppa d'Oro", dem renommierten Publikumspreis des Concorso d'Eleganza Villa d'Este, wurde in diesem Jahr ein Ferrari 166 Mille Miglia von 1950 ausgezeichnet, der einst Gianni Agnelli gehört hatte. Doch der Industriemagnat und Fiat-Patriarch war nicht der einzige bemerkenswerte Besitzer des kleinen Sportwagens. Auf Agnelli folgte der belgische Graf Gery d'Hendecourt, der mit der Barchetta nicht nur selbst Rennen bestritt, sondern die Zündschlüssel auch vertrauensvoll an seinen Freund Olivier Gendebien weiterreichte. Gendebien, der später gleich viermal bei den 24 Stunden von Le Mans ganz oben auf dem Treppchen stand, gewann mit dem Ferrari in Spa sein erstes Rennen. Später ging die Barchetta in den Besitz des Ferrari-Connaisseurs und Ecurie-Francorchamps-Machers Jacques Swaters über. Sechsmal verkaufte und kaufte er den Ferrari, bevor er sich schließlich entschied, den Wagen für sich zu behalten. Nach einer vollständigen Restauration wurde der geschichtsträchtige Ferrari im Jahr 1993 im New York Museum of Modern Art ausgestellt. Die Swaters-Familie hatte dem Ferrari mittlerweile den Spitznamen „Nonna" gegeben – die „Großmutter" blieb insgesamt 46 Jahre in ihrem Besitz.

Ein V12-Motor mit kleinem Hubraum, eine ultradünne Superleggera-Karosserie und ein Fahrer – fertig ist das Erfolgsrezept.

Man könnte mit den Besitzern des Ferrari 166 MM ein ganzes Buch füllen – doch natürlich ist es vor allem der erste Mann hinterm Steuer, der die Automobilwelt fasziniert. Der Ferrari 166 MM wurde 1950 als 24. von insgesamt nur 25 Exemplaren gebaut. Zum geheimen Auftrag von Gianni Agnelli – als Fiat-Boss durfte er nicht offiziell bei der Konkurrenz einkaufen – gehörten einige Sonderwünsche, die den Ferrari bis heute auszeichnen: Am auffälligsten sind sicherlich die tränenförmigen Rücklichter und der subtile, bei entsprechender Beleuchtung jedoch atemberaubende Zweifarb-Lack. Darüber hinaus ist die Barchetta ein puristisches Design-Statement in seiner reinsten Form. Ein V12-Motor mit kleinem Hubraum, eine ultradünne Superleggera-Karosserie und ein Fahrer – fertig ist das Erfolgsrezept. Gebaut wurde der Ferrari 166 MM bei der traditionsreichen Carrozzeria Touring in Mailand. Und während die Technik auf dem Ferrari 125S basiert, bezieht sich das „Doppel-M" im Modellnamen auf den Sieg eines Ferrari 166 bei der Mille Miglia im Jahr 1948. Und die Rennerfolge sollten auch für das neue Modell nicht ausbleiben: 1949 gewann der kleine Sportwagen nicht nur die Mille Miglia, sondern fuhr auch den ersten Platz bei den 24 Stunden von Spa und Le Mans ein. Für Ferrari sollte es der Beginn einer steilen Karriere sein.

Stellen Sie sich nun also vor, es ist ein sommerlich-warmer Junimorgen des Jahres 1951. Sie sind früh aufgestanden und bestellen gegen sieben Uhr gerade ihren ersten Espresso an der Theke der berühmten Cova-Bar in der Mailänder Innenstadt, als plötzlich ein metallisches Brüllen die morgendliche Stille zerreißt. Sie treten auf den Gehsteig und sehen zu, wie ein kleiner Sportwagen direkt vor der Bar zum Halten kommt. Heraus springt niemand Geringeres als Giovanni Agnelli, der berühmte Playboy und Enkel des gleichnamigen Fiat-Gründers, des sich nach einer heißen Nacht auf den Straßen von Mailand die nötige Dosis Koffein bestellt, um mit frischen Kräften in den Tag zu starten.

Als Fotograf einen Ferrari 166 MM ablichten zu dürfen, ist bereits eine große Ehre. Ihn allerdings kurz nach Einbruch der Dämmerung in den noch leeren Straßen der Innenstadt von Mailand fotografieren zu dürfen, ist wahrlich ein einzigartiges Erlebnis. Wir entschieden uns für eine Tour auf den Spuren von Gianni Agnelli und begannen unsere Nachtfahrt vor den Toren der Scala, rollten dann hinüber auf die menschenleere Piazza vor dem Mailänder Dom, fuhren entlang

MARIAE
NASCENTI

UN MUSEO
IDEALE
M

Biffi
166 JCG

Überall bleiben die Menschen stehen und staunen, ohne jedoch zu begreifen, welch wichtiges Stück Automobilgeschichte gerade an ihnen vorbei gerauscht ist.

nobler Schaufenster in der Galeria Vittorio Emanuele II, holten uns bei Cova den besagten Espresso und drehten schließlich mit dröhnendem Motor unsere Runden um die Porta Sempione, um auch den letzten Mailänder Langschläfer aus dem Bett zu scheuchen. Tatsächlich ist mir das Medium Fotografie nur selten so unzureichend erschienen, wie bei diesem Ferrari: Der helle, metallische Klang des Motors, leichtfüßig, bei steigender Drehzahlnadel jedoch auch kraftvoll-aggressiv, wird mir noch lange in Erinnerung bleiben.

Es wundert kaum, dass ein Playboy wie Gianni Agnelli den Ferrari 166 MM so schätzte – der Wagen hat einfach Sexappeal! Überall bleiben die Menschen stehen und staunen, ohne jedoch zu begreifen, welch wichtiges Stück Automobilgeschichte gerade an ihnen vorbei gerauscht ist. Und auch der Ferrari selbst scheint sich hier, im Zentrum der italienischen Kreativindustrie und umgeben von Kulturdenkmälern von Weltruhm, sichtlich wohl zu fühlen. Gut, wir hätten uns vorher um eine Fotogenehmigung kümmern müssen, gerade zu dieser Uhrzeit. Und ja, natürlich tippte uns schon bald der erste Polizist auf die Schulter. Doch ein Satz genügte, um die Situation umgehend zu entschärfen: „Eh, ma è quella di Agnelli!“ (ins Deutsche mit „Hey, er ist einer von Agnellis!“ nur unzureichend übersetzt) – und schon traten die Polizisten mit offenem Mund respektvoll einen Schritt zurück und verabschiedeten sich mit einem „Okay, va bene!“ zurück auf ihre morgendliche Streife. Mit den großen italienischen Zauberwörtern „Ferrari“ und „Agnelli“ hätten wir den kleinen Barchetta-Sportwagen wahrscheinlich auch ohne Anmeldung im Vatikan fotografieren können.

„Eh, ma è quella di Agnelli!“ – und schon traten die Polizisten mit offenem Mund respektvoll einen Schritt zurück und verabschiedeten sich mit einem „Okay, va bene!“

10
20
30
40
50
60
70
80
Ferrari

Eugenio Amos und sein heißes Lancia-Projekt

Talentierter Rennfahrer, eklektischer Sammler, Italiens letzte Hoffnung, um Lancia wieder groß zu machen: Eugenio Amos hat viele Leidenschaften – solange sie sich um Autos drehen. Wir haben ihn in seiner frisch eingerichteten Garage im norditalienischen Varese besucht.

Text: Jan Baedeker / Fotos: Tom Shaxson

Als wir Eugenio Amos am Ende einer langen Privatstraße durch die winterlichen Wälder des Lago di Varese treffen, ist der 32-Jährige gerade aus Peru zurückgekehrt, wo er zum zweiten Mal bei der Rallye Dakar gestartet ist. Nach einem Titel in der Lamborghini Super Trofeo und zahlreichen GT-Rennsiegen hat sich Amos dieser noch härteren Liga des Motorsports verschrieben und bereits erste Erfolge eingefahren – auch wenn ihn bei der diesjährigen Rallye die Technik im Stich gelassen hat. Doch wir sind nicht nach Norditalien gereist, um über den Rennsport zu sprechen. In den letzten Monaten hat Eugenio Amos die weltweite Petrolhead-Community im Internet mit seiner unorthodoxen Flotte dunkelgrüner Supersportwagen überrascht – und schließlich mit seinen Plänen, nach dem Vorbild von Singer seine eigene Allstar-Version des Lancia Delta Integrale zu bauen, in helle Aufregung versetzt.

An dem neuen Haus, in das er zusammen mit seiner Frau, der Modedesignerin Margherita Maccapani Missoni Amos, und seinen beiden Söhnen gezogen ist, wird noch gearbeitet – doch in die Garage, so sagt er uns, dürften wir schon einmal einen Blick werfen. Eugenio Amos führt uns über eine schmale Treppe hinab, öffnet eine Tür, lässt eine Reihe von Neonröhren aufflackern und plötzlich stehen wir in einem automobilen Kuriositätenkabinett voller derart seltener und außergewöhnlicher Sportwagen, dass wir tatsächlich zweimal hinsehen müssen, um unseren Augen zu trauen. Auf eleganten grünen Fliesen, zwischen italienischen Designermöbeln und vor hölzernen Wandregalen voll von Renntrophäen, Büchern und Sammlerstücken parken hier einige der ikonischsten Automobile der letzten 30 Jahre. Auf einem lilafarbenen Sofa lassen wir uns nieder, versuchen uns nicht allzu sehr von der Silhouette des silbernen Mercedes-Benz CLK GTR direkt neben uns ablenken zu lassen und befragen Amos zu seiner Sammlung und den Plänen seiner neu gegründeten Marke Automobili Amos.

Was ist Ihre erste Erinnerung an ein Automobil?

Ich erinnere mich noch gut daran, wie ich mit den Automodellen meines Vaters gespielt habe. Meine Familie produzierte Werkzeug und belieferte Firmen wie Ferrari und Rennteams beim Moto GP. Mein Vater nahm auch an der Rallye Paris–Dakar teil – mit einem Truck. Doch er hatte viele Leidenschaften – und auch wenn er immer ungewöhnliche Autos besaß, war er doch nie ein Sammler. Ich habe nur eine Passion, und das sind Automobile. Ich bin regelrecht besessen von ihnen. Als Lancia im Jahr 1992 die Delta Integrale Evoluzione Martini 6 Edition herausbrachte, um den sechsten Rallyeweltmeistertitel in Folge zu feiern, war ich sieben Jahre alt. Mein Vater kaufte sich ein Exemplar in „Giallo Ginestra“ – und es war dieser Wagen, der meine Liebe zu Automobilen entfachte.

Auf eleganten grünen Fliesen, zwischen italienischen Designermöbeln und vor hölzernen Wandregalen voll von Renntrophäen, Bücher und Sammlerstücken parken hier einige der ikonischsten Automobile der letzten 30 Jahre.

Wann haben Sie begonnen, Autos zu sammeln?

Das erste Auto, das ich selbst besaß – sozusagen mein Einhorn – war ein schwarzer Mini Cooper mit brauner Lederausstattung. Sogar das Kennzeichen ist mir noch im Gedächtnis. Ich habe versucht, das Auto wiederzufinden – ohne Erfolg. Es erinnert mich an eine ganz andere Zeit in meinem Leben, als ich noch hier in Varese zur Schule ging und meine freie Zeit mit meinen Freunden aus der Umgebung verbrachte, die übrigens noch immer meine Freunde sind. Nach dem Mini besaß ich einen BMW Z4 M, dann einen Porsche 911 GT3. Zu der Zeit nahm der Markt für Sammlerautos Fahrt auf und ich erkannte, dass ich mit dem Verkauf eines interessanten Autos Geld verdienen konnte. Doch schon bald wurde mir klar,

WORLD RALLY CHA

Meine eigene Garage hier in Varese wird schließlich als Präsentationsraum dienen – hier können Freunde und Interessenten das Auto im privaten Rahmen begutachten.

dass der Handel nichts für mich war – man musste die Autos schließlich nicht nur kaufen, sondern auch wieder verkaufen. Wenn man sie bloß behält, funktioniert es nicht (lacht).

Mit Ihrer Firma Automobili Amos arbeiten Sie an einer Neuinterpretation des Lancia Delta Integrale – frei nach dem Prinzip, das Singer mit dem Porsche 964 erfolgreich etabliert hat. Können Sie uns mehr erzählen?
Unser Delta Integrale wird von Grund auf neu aufgebaut – wir tauschen mehr als 1.000 Teile aus. Ich finde das beachtlich. Das Auto erhält eine breitere Karrosserie aus handgeklopftem Aluminium und eine neue Front aus Carbonfaser, die vom Lancia Beta inspiriert wurde. Der Motor und die Aufhängung werden komplett überarbeitet und auch das Fahrerlebnis wird sich dank einer neuen Geometrie vom Original unterscheiden. Ich möchte, dass der Wagen eher zum Über- als zum Untersteuern neigt. Als Basis dient uns der serienmäßige Delta Integrale 16V. Die sind erst einmal viel billiger als die Evoluzione-Modelle und müssen im Gegensatz zu diesen seltenen Autos auch nicht für die Nachwelt erhalten werden. Das erste Auto wird schon im März fertig sein.

Wo wird das Auto gebaut?
Das Designteam sitzt bei Borromeo de Silva in Mailand, während die Recherche, Entwicklung und Fertigung im Piemont geschieht. Dank Fiat finden sich dort noch immer viele Werkstätten und Zulieferer, deshalb wird das Auto auch dort zusammengesetzt – auch wenn die einzelnen Komponenten, etwa die Carbonstrukturen oder Motorteile, von den besten Spezialisten aus ganz Italien kommen. Meine eigene Garage hier in Varese wird schließlich als Präsentationsraum dienen – hier können Freunde und Interessenten das Auto im privaten Rahmen begutachten. Mithilfe der Zeichnungen und Renderings kann ich hier gut demonstrieren, was wir alles verändert haben.

Wie sind Sie vorgegangen, nachdem das Design des Autos definiert war?
Wir entwickelten ein Tonmodell im Maßstab 1:1, um zu verstehen, ob unsere Zeichnungen auch in der Realität funktionieren. Die Details, die wir verändert haben, sind sehr subtil, aber sie lassen das Auto muskulöser und dynamischer wirken – besonders am Herzen liegt mir übrigens eine kleine Linie unterhalb der Rückleuchten, die das Seitenprofil optisch mit der Stoßstange verbindet. So etwas wird wohl nur Experten auffallen. Es ist ganz klar ein Integrale, aber er steht einfach nochmals besser da. Die größten Änderungen finden sich im Interieur. Das Cockpit des Integrale Evoluzione ist nichts besonderes, aber wenn man in der Geschichte von Lancia um zehn Jahre zurück reist und sich hinter das Steuer des Delta S4 setzt, ist das ein ganz anderes Erlebnis. Wir haben uns von diesem Auto sehr inspirieren lassen.

Wieviele Autos sollen gebaut werden?
Der erste Integrale ist mein Präsentationsauto – ich hoffe, dass ich ihn behalten kann. Insgesamt sollen 15 Exemplare entstehen, nicht mehr. Die Produktion dauert drei bis vier Monate pro Auto, wenn gleichzeitig an zwei Autos gearbeitet wird.

Ist das auch ein Versuch, die Strahlkraft von Lancia wieder herzustellen?
Es ist nicht meine Art, mich zu beschweren. Die FCA Group besitzt viele Marken und während es eine Nische gibt, in der Lancia heiß geliebt wird, haben 99 Prozent der Weltbevölkerung doch noch nie etwas davon gehört. Der Vorstand hatte die finanziellen Mittel, um sich auf eine Marke zu konzentrieren – und hat eben Alfa Romeo ausgewählt. Ich werfe ihm das nicht vor. Dass es heute wieder eine leidenschaftliche Lancia-Gemeinde gibt, liegt daran, dass die Marke nicht mehr existiert. Die Menschen lieben Dinge, die sie nicht mehr haben können.

HF
ION

Was fasziniert sie derart am Lancia Delta Integrale?
Ich liebe ihn allein schon deshalb, weil er sechs Rallye-Weltmeisterschaften gewonnen hat. Doch mein aktuelles Projekt hat nichts mit dem Motorsport zu tun. Ich meine, sehen Sie sich einmal dieses Evoluzione-Modell an – in dieser Garage parken einige Automobilschönheiten, aber keine kann mit dem Delta Integrale mithalten. Er verkörpert für mich die perfekte Kombination aus Sportlichkeit und Eleganz. Was Sie hier sehen, ist ein einfacher Evo 1, weiß lackiert und mit Martini-Livrée, 15-Zoll-Felgen, hellblauen Alcantara-Sitzen mit roten Nähten und einer Schaltkulisse aus Carbon. Ich bin schon 11.000 Kilometer mit ihm gefahren. Über Weihnachten hatte ich ihn sogar in den Schweizer Alpen dabei.

Es ist nicht der einzige Rallye-Lancia, den Sie besitzen …
Nein, da drüben steht ein Lancia Delta S4 Stradale – ein zweisitziges Homologationsmodell mit einem ganz besonderen Vierzylinder-Mittel-Heckmotor. Er kombiniert Kompressor- und Turboaufladung, um im niedrigen Drehzahlbereich das Turboloch auszugleichen. In den 1980er-Jahren musste man mindestens 200 Varianten eines Rallyewagens mit Straßenzulassung bauen, um an den Weltmeisterschaftsläufen teilnehmen zu dürfen. Ich glaube nicht, dass Lancia mehr als 100 Stradale-Versionen des S4 gebaut hat – aber irgendwie ist es ihnen dennoch gelungen, die FIA zu überzeugen und an den Rennen teilzunehmen. Gleich nebenan steht übrigens noch ein weiteres Homologationsmodell – Mercedes-Benz CLK GTR. Nur 25 Exemplare wurden gebaut, 19 Coupés und sechs Roadster. Mein Auto trägt die Nummer acht, meine Glückszahl. Otto (Italienisch für acht, Anm. d. Red.) ist der Name meines ersten Sohnes.

Zu Beginn, als der Raum noch leer war, kam er mir übertrieben groß vor. Ich wusste gar nicht, wie ich ihn einrichten sollte. Nun erscheint er mir schon fast zu klein.

Sind manche ihrer Autos mittlerweile zu wertvoll, um überhaupt noch gefahren zu werden?
Nein, nein, ich besitze keine „Garagen-Königinnen“ (lacht)! Das einzige Auto, dass ein wenig schwierig zu fahren ist, ist der CLK GTR – einfach, weil er so unglaublich eng ist. Aber wenn man sich erst einmal an die Sitzposition gewöhnt und den Wert des Wagens ausgeblendet hat, kann man damit eine Menge Spaß haben und wirklich schnell fahren. Er lässt sich wie ein echter Rennwagen steuern und ist wirklich unglaublich gut ausbalanciert. Was ungewöhnlich ist, ist die Schaltung – man kuppelt mit dem Fuß und schaltet mit den Lenkradpaddles. Er sieht furchteinflößend aus, aber er ist kein gefährliches Auto. Nur in Frankreich hätte man Probleme mit den Mautstationen da sich die Fenster nicht öffnen lassen. Jedenfalls fahre ich meine Autos, so oft es geht. Die positivsten Reaktionen erhalte ich übrigens auf den Lancia Delta Integrale und den Ferrari F40 – zu diesen zwei Autos hat jeder Italiener eine Beziehung.

Da wir gerade darüber sprechen: Was ist die Geschichte dieses unglaublichen dunkelgrünen Ferrari F40? Er ist ja eine Internet-Berühmtheit, seit Sie mit ihm ihren Weihnachtsbaum transportiert haben …
Es ist der zweite Ferrari F40, den ich besitze. Das Exemplar, das ich zuvor besessen habe, hatte 40.000 Kilometer auf der Uhr und war vom Straßensportwagen zum GT-Renner und wieder zurück gerüstet worden. Ich verkaufte ihn dennoch zu einem guten Preis und ersteigerte dann dieses Exemplar aus erster Hand mit nur 5.000 gelaufenen Kilometern. Es war natürlich ein waghalsiges Manöver, ein solches Auto umzulackieren. Mir ist es wichtig, die Marken und ihre Historie mit Respekt zu behandeln. Aus diesem Grund entschied ich mich auch, den F40 in „Verde Abetone“ umzusprühen – eine offizielle Ferrari-Farbe aus den 1970er- und 1980er-Jahren. Das Interieur habe ich mit braunem Alcantara von Schedoni, ebenfalls ein offizieller Lieferant von Ferrari, ausgeschlagen. Hätte man damals bei Ferrari etwas mehr Vorstellungskraft gehabt, wäre diese Version durchaus möglich gewesen. Und wie sie sehen, ist Grün meine Lieblingsfarbe – ich bin ein bisschen besessen davon.

Deshalb haben Sie Ihren Porsche 911 GT2 RS natürlich ebenfalls grün lackiert?
Der Farbcode ist BRG 21D und es gibt eine lustige Geschichte dazu: Erstmals habe ich dieses Grün im Porsche Museum in Stuttgart an einem 993 Turbo S gesehen. Ich habe daraufhin eine E-Mail an Porsche geschickt und nach dem Farbcode gefragt, aber nie eine Antwort erhalten. Also bin ich zusammen mit meinem Lackierer nochmals hingefahren und habe mit einem Farbmesser den Farbcode ermittelt. Zurück in Italien haben wir dann herausgefunden, dass dieses Grün den Mitgliedern der Porsche-Familie vorbehalten war. Den Tartan-Stoff für den Innenraum habe ich in Belgien gefunden. Sie sehen, für mich dreht sich alles um die Details.

Besondere Details finden sich auch an diesem sehr ungewöhnlichen Bentley …
Das ist das berühmte Bentley Continental R Lightweight Coupé, das 1996 von Carlo Talamo aus Milan in Auftrag gegeben wurde. Manchmal wird man gefragt, welcher andere Mensch man wäre, wenn nicht man selbst. Meine Antwort wäre stets Carlo Talamo. Er war ein Genie – sehr schlau und begeistert von besonderen Autos und Motorrädern. Als Generalimporteur von Harley-Davidson hat er die Marke in den 1980er- und 1990er-Jahren in Italien berühmt gemacht. Er war der Grund, warum damals jeder eine Harley fahren wollte. Er hat den italienischen Markt dann später für ein Vermögen an Harley-Davidson zurück verkauft. Dieser Bentley hat ihn eine Million Lire gekostet – das sind heute etwa 500.000 Euro. Er wurde bei Mulliner Park Ward in Crewe ganz offiziell umgebaut. Man erleichterte ihn um 200 Kilogramm, riss die Rücksitze raus und installierte einen Überrollkäfig. Der Motor wurde bei Cosworth getunt. Mit seinen gelben Ventilatoren hinter dem Kühler und den fehlenden Scheinwerfern sieht er wirklich martialisch aus. Man muss sich vorstellen, dass all dies im Werk geschehen ist, wo es sehr elitär zuging und man Mitte der 1990er-Jahre noch mit hochgezogenen Augenbrauen jeden Kunden musterte. Das ist schon ein Ding!

Ich glaube, wir müssen bald zurückkommen, nur um dieses Auto zu fahren …
Gerne! Aber das ist kein Rennwagen, auch wenn er so aussieht. Man gleitet mit ihm eher durch den Verkehr, wie mit einem Boot.

Ist ihre Sammlung vollständig oder fehlt noch etwas?
Letzten Endes sind wir alle nicht für immer hier und auch die Autos in dieser Garage werden nicht bis in alle Ewigkeit hier stehen. In dem Moment, in dem ich ein Auto verkaufen muss, um mir ein neues zu leisten, das ich begehre, werde ich dies tun. Nur den Mercedes CLK GTR werde ich noch eine Weile behalten – er ist sozusagen der Pensionsfond für meine Frau und mich (lacht).

Diese Garage ist wirklich ein magischer Ort. Das ist eine sehr spezielle Sammlung.
Vielen Dank. Zu Beginn, als der Raum noch leer war, kam er mir übertrieben groß vor. Ich wusste gar nicht, wie ich ihn einrichten sollte. Nun erscheint er mir schon fast zu klein. Sehen Sie den Motor hier? Er stammt aus der ersten MV Agusta und stand lange im Büro von Claudio Castiglioni. Sein Sohn Giovanni hat ihn mir zur Hochzeit geschenkt, ich muss noch einen Ehrenplatz für ihn finden. Generell finde ich es immer schwieriger, die richtigen Autos zu finden. Wegen der steigenden Preise entscheidet man mehr mit dem Kopf als mit dem Herzen. Doch wenn man zuviel nachdenkt, werden einem sowieso immer Autos einfallen, die ein noch besseres Investment gewesen wären. Deshalb versuche ich so oft, wie es nur geht, auf mein Herz zu hören und meine Autos zu genießen, wann immer ich kann.

Wie sieht die Zukunft von Automobili Amos aus?
Ich möchte eher ein Kunsthandwerker sein als ein Unternehmer und die Dinge tun, die mir Spaß machen. Natürlich muss eine Firma profitabel sein und wenn ich, nachdem ich die 14 Autos verkauft habe, etwas über den Break Even hinauskomme, ist das wunderbar. Mein Ziel ist es nicht, so viele Autos wie möglich zu bauen. Vielmehr möchte ich, dass Automobili Amos zu jener besonderen Automarke wird, die ich momentan vermisse. Ohne Namen zu nennen – aber das aktuelle Geschäft mit den Supersportwagen ist eine einzige große Abzocke. Die Autos werden nicht mehr von Ingenieuren erdacht sondern von Marketingmenschen und Vertriebsleuten. Und den meisten Marken geht es ausschließlich um den Profit. Währenddessen haben die Autos ihren Charakter und ihre Seele verloren.

Für Autos wie die in meiner Garage benötigen Sie nämlich nicht nur die entsprechenden Finanzen – sie brauchen auch Persönlichkeit, um sie zu besitzen. Für mich ist jede Ausfahrt noch immer ein Abenteuer, denn man weiß nie, wann man an seinem Ziel ankommt und was man auf der Fahrt dorthin erlebt. Das einzige zuverlässige Auto hier ist der Porsche – mit allen anderen sollte man besser keine Termine machen (lacht).

PORSCHE WAREHOUSE

Diese geheime Lagerhalle ist das Paradies für Porsche-Jünger

Stellen Sie sich einen Ort vor, an dem sich alle Porsche wiederfinden, die zwischen 1948 und 2015 gebaut wurden. Klingt unglaublich? Ist aber Wirklichkeit – im geheimen Schaudepot des Porsche Museums in Zuffenhausen. Wir haben unseren Fotografen Rémi Dargegen mit seiner Kamera eingeschleust.

Text: Alex Easthope / Fotos: Rémi Dargegen

Man muss kein Porsche-Jünger sein, um sich beim Betreten der unscheinbaren Lagerhalle in Stuttgart-Zuffenhausen, nur wenige Schritte vom Porsche-Museum entfernt, zu fühlen wie bei der Ankunft im Paradies. Und schon nach wenigen Schritten durch das gewaltige Gebäude, in dem Generationen von Sportwagen unter schlichten Abdeckungen im Dornröschenschlaf liegen oder sich wie Spielzeugautos in gewaltigen Boxen bis zur Decke stapeln, ahnt man: Das ist gerade ein Moment, wie es ihn nur einmal im Leben gibt. Und den man wahrscheinlich nie mehr vergessen wird.

Gleichzeitig ist es der wahrscheinlich anschaulichste Nachhilfekurs in Automobilgeschichte, den man erhalten kann: Denn bis auf einige Rennwagen, die in der Motorsport-Abteilung von Porsche in Weissach lagern, finden sich hier tatsächlich alle Serienmodelle, Sonderversionen, Prototypen und Rennsportler, die bei Porsche seit 1948 produziert wurden. Und jedes einzelne Auto ist fahrbereit, um jederzeit an einem Rennen oder einer Präsentation irgendwo auf der Welt teilnehmen zu können.

So stellt sich die schwierigste Frage gleich zu Beginn: Wo soll man anfangen, sich durch ein derartiges Archiv zu arbeiten? „Es ist wirklich alles da“, berichtet uns unser Fotograf Rémi Dargegen aufgeregt. „Zahllose Porsche 356, von frühen Gmünd-Modellen bis hin zu den späten Carrera 2, alle Le-Mans-Legenden, der Porsche 959 in der Straßen- und Dakar-Version und natürlich die komplette Entwicklungsgeschichte des Porsche 911, von 1963 bis zum heutigen Tag!“ Denken Sie nur an die großartige Geschichte von Porsche in Le Mans. An Derek Bell, wie er im Porsche 962 im Rothmans-Lackierung über die Mulsanne-Gerade donnerte. Oder an Nico Hülkenberg auf dem Weg zum Titel am Steuer des Porsche 919 Hybrid. Oder natürlich an den Porsche 911, den wohl berühmtesten Sportwagen überhaupt.

Man könnte Tage, nein – Wochen damit verbringen, sämtliche Varianten zu begutachten. Denn sie sind alle da: Vom frühen Porsche 911S bis hin zu Raritäten wie dem 964 Speedster oder den 997 GT3 RS 4.0. Man blickt nach links und sieht den IMSA 961, man dreht den Kopf nach rechts und erblickt die wenig erfolgreichen Porsche-Boliden aus der Formel 1 und Formel 2, man läuft einige Schritte und stolpert fast über den 718 RSK oder den WRS. Und das ist erst der Anfang.

Besonders spannend sind natürlich die unerwarteten, unbekannten und zum Teil auch recht seltsamen Konzeptstudien, Prototypen und „Testesel“: Bei einem viertürigen Porsche 911 aus den 1970er-Jahren muss man schon zweimal hinsehen, um es zu glauben. Ähnlich beim Porsche 965, der einst als kleiner 959 geplant war, jedoch nie grünes Licht vom Management erhielt.

Die Aura der einzelnen Porsche ist bemerkenswert. „Diese Autos befinden sich alle in jenem Zustand, in dem sie einst vom Test in der kalifornischen Wüste oder vom Genfer Autosalon zurückgekommen sind“, staunt Rémi Dargegen. „Angesichts dieser geheimen Schatzkammer begreift man erst wirklich, auf was für eine legendäre Geschichte Porsche doch zurückblicken kann.“

Das Allerbeste ist allerdings, dass man jedes Auto sofort starten könnte. „Hier zeigt sich einmal mehr, was für eine exzellente Sammlung Porsche dort aufgebaut hat“, sagt unser Fotograf. „Es ist in der Tat ein rollendes Museum. Jeden Tag treffen hier neue Autos ein, die auf Tour waren. Andere verlassen das Lager, um bei Ausstellungen gezeigt zu werden oder bei Rennen rund um die Welt die sportliche Historie von Porsche zu feiern. Es gibt allerdings ein paar Autos“, so verrät uns Rémi nach seiner Tour, „die werden nicht mehr gestartet, sondern in ihrem Originalzustand konserviert. Etwa der Porsche 917K, der 1971 die 24 Stunden von Le Mans gewonnen hat. Sein Magnesium-Chassis ist sehr zerbrechlich und sein Motor wurde nicht mehr angelassen, seit er damals die Ziellinie passiert hat.“

Leider ist Porsches geheimes Klassiker-Lager nicht für die Öffentlichkeit zugänglich – und wird es auch niemals sein. Doch wer sich an die Fersen des Porsche Museums heftet, alle Ausstellungen besucht und auch die wichtigsten historischen Rennen nicht auslässt, hat gute Chancen, einen Großteil der Autos zumindest einmal live zu erleben. Bis dahin darf man sich freilich zum Träumen in Rémi Dargegens großartiger Fotogalerie verlieren.

Box12
Box 7
Box 8
Box 2
Box 3
TOM BRENNAN
944
ESCORT
GOODYEAR
MARTINI PORSCHE

337
Box 9
Box10
MARTINI
PORSCHE
40
MARTINI
Turbolader
Shell
DUNLOP
BILSTEIN
BOSCH

Wo soll man anfangen, sich durch ein derartiges Archiv zu arbeiten? „Es ist wirklich alles da“, berichtet uns unser Fotograf Rémi Dargegen aufgeregt. „Zahllose Porsche 356, von frühen Gmünd-Modellen bis hin zu den späten Carrera 2, alle Le-Mans-Legenden, der Porsche 959 in der Straßen- und Dakar-Version und natürlich die komplette Entwicklungsgeschichte des Porsche 911, von 1963 bis zum heutigen Tag!“

PORSCHE
PORSCHE

2
PORSCHE
STUTTGART

R
GT3RS
H
PORSCHE

2
Shell
Shell
Shell
PORSCHE
BOSCH
BILSTEIN
speedline
TELETRON
DUNLOP

MARTINI PORSC
Shell
MARTINI
PORSCHE

129
DieHard

GEORGE BAMFORD

Zu Besuch bei George Bamford, Autosammler und Individualist

Wie sein Vater liebt und sammelt George Bamford außergewöhnliche Automobile. Der Uhrendesigner und Unternehmer verbrachte einen seiner seltenen freien Tage mit uns – wir sprachen über das Sammeln und warum Klassiker auf die Straße gehören, statt in Hallen zu verstauben.

Text: Joe Breeze / Fotos: Amy Shore

Seit Jahrzehnten ist der Familienname Bamford eine bekannte Größe in der Welt der klassischen Automobile. In den letzten Jahren stand der Name aber auch für vollkommen neue Wege im Uhrendesign. Verantwortlich für diese tickenden Extravaganzen ist George Bamford. Der Sohn des erfolgreichen Unternehmers Lord Anthony Bamford, dessen Familie ihren Wohlstand der Fertigung von Baumaschinen verdankt, bietet mit seinem Bamford Watch Department ungewöhnliche Personalisierungen für Luxusuhren wie Rolex an – mit großem Erfolg.

Wir treffen George Bamford auf seiner großzügigen Farm in den englischen Cotswolds, als er gerade zwei Klassiker seiner speziellen Sammlung auf Touren bringt: einen Land Rover 101 Forward Control – einen ausrangierten Truppentransporter – und einen 1974 gebauten Porsche 911 3.0 RS. Letzerer ist an sich schon eine Rarität, von der nur eine Handvoll existieren, als originaler Rechtslenker ist er jedoch noch viel seltener zu finden. Auch wenn es in Strömen regnet, besteht der junge Sammler zuerst auf einer kleinen Ausfahrt. Warum trotz des schlechten Wetters? Weil Bamford einfach Spaß am Fahren hat. Eine Einstellung ganz nach unserem Geschmack. Nach der morgendlichen „Spritztour“ im RS kehren wir erfrischt zurück, um mit George Bamford inmitten seiner eindrucksvollen Garage, zwischen Bluechip-Klassikern und modernen Supercars, über seine PS-starke Leidenschaft zu sprechen.

Gibt es Gemeinsamkeiten zwischen Ihrer Autosammlung und den Uhren, die Sie gestalten?

Die Farbe Schwarz ist ganz sicher ein verbindendes Element, denn meine Uhren sind meistens schwarz lackiert, wie auch viele Autos meiner Sammlung. Die wichtigste Gemeinsamkeit ist allerdings, dass ich Ungewöhnliches und Schönes liebe, wie beispielsweise meinen BMW Z1. Wichtig ist, dass ich nur Dinge kaufe, von deren Qualität ich überzeugt bin. Ständig werde ich auf den Z1 angesprochen: „Warum hast du so ein ding in Deiner Sammlung?“ Meine Antwort ist immer die gleiche: „Warum nicht?“ Der Z1 war ein Teil meines Erwachsenenwerdens und er ist zugegebenermaßen ein wenig seltsam. Übrigens ähnlich seltsam wie meine Lieblingsuhren, die Dominos-Pizza-Rolex und die alten Beta 21 Texan. Ich liebe eben alles Ungewöhnliche. Auch wenn ich in meinem Bamford Watch Department sehr in das existierende Design der Uhren eingreife, gefallen mir Automobile im Originalzustand eigentlich viel besser. Es ist schon seltsam,

Nach der morgendlichen „Spritztour“ im RS kehren wir erfrischt zurück, um mit George Bamford inmitten seiner eindrucksvollen Garage, zwischen Bluechip-Klassikern und modernen Supercars, über seine PS-starke Leidenschaft zu sprechen.

was für getunte Autos heute so auf der Straße zu sehen sind. Ich vergleiche die Arbeit, die wir mit den Uhren machen, gerne mit den Kreationen von Karosseriebauern aus den 1920er- und 1930er-Jahren. Ja, sogar das Personalisierungsangebot von Nike ID kommt unserer Arbeit sehr nahe. Aus diesem Grund arbeite ich gerade an der Bestellung meines Jaguar F-Type Project 7 – die Idee, klassische Automobile wieder neu aufleben zu lassen und nach eigenen Wünschen zu gestalten, ist ganz nach meinem Geschmack.

Haben Sie ein Lieblingsauto in Ihrer Sammlung?

Wahrscheinlich meinen schwarzen Ferrari 275 GTB. Das ist mein „Daily Driver“, in dem ich nach London pendle, solange das Wetter nicht zu schlecht wird. Ein Auto, das aufgrund seiner fantastischen Form einfach jeder mag. Wenn ich mit meinem LaFerrari nach London fahre, zieht der zwar die Blicke vieler Menschen

Carrera
TOY 84

29BWD

R88 GHB

Das ist eine Breitling Navitimer. Meine Eltern haben sie mir zu Weihnachten geschenkt, als ich noch ein Teenager war. Mit ihr begann meine Leidenschaft für Uhren.

an, doch die meisten halten einen für arrogant. Ein Umstand, den ich mit dem GTB noch nie erlebt habe. Leute lächeln mir zu und teilen ihre ehrliche Bewunderung für den Klassiker.

Warum gerade dieser historische Ferrari?
Ich fühle mich diesem Wagen eng verbunden. Immerhin hat seine Restaurierung sich über zehn Jahre hingezogen. Ich konnte die Dinge, die erledigt werden mussten, immer nur Stück für Stück machen lassen, wie es meine Geldmittel zuließen. Gekauft habe ich den Ferrari für relativ kleines Geld – im Vergleich zu den heutigen Preisen. Der Vorbesitzer hatte den Wagen in „Tangerine Orange" lackiert und bot die eigentliche Aluminium-Karosserie als Stahlkarosserie an. Aufgrund dieser und anderer Details gefiel er mir einfach. Ich machte mich daran, die Geschichte des Ferraris zu ergründen und ihn wieder in seinen Auslieferungszustand zu versetzen. Seither ist der Wagen in meinem Besitz und ich werde ihn nicht verkaufen – was aber niemanden davon abhält, mich ständig danach zu fragen, ob ich nicht doch verkaufen möchte.

Was ist das eigentlich für eine Uhr, die Sie da tragen?
Das ist eine Breitling Navitimer. Meine Eltern haben sie mir zu Weihnachten geschenkt, als ich noch ein Teenager war. Mit ihr begann meine Leidenschaft für Uhren. Sie war nicht außergewöhnlich teuer, aber ich liebte sie innig. Ich habe sie immer wieder auseinandergenommen, um ein Gefühl für die mikroskopische Technik zu bekommen. Das Uhrwerk, diese winzigen Schrauben – ich fand das einfach faszinierend!

Wie regelmäßig bewegen Sie die Autos Ihrer Sammlung?
Jedes Auto meiner Sammlung wird regelmäßig auf die Straße geschickt. In jedem Handschuhfach sind Straßenkarten und Kleingeld für Mautgebühr. Dabei fällt mir ein, dass ich erst kürzlich in meinem Dino unterwegs

29 BWD

Ich begann sehr sportlich zu fahren, bis wir ins Schleudern gerieten. Glücklicherweise konnte ich wieder die Kontrolle gewinnen, doch meine Frau dachte nur: „Was für ein Idiot!“ Dennoch hat sie mich geheiratet.

war, als plötzlich die Gänge eins bis drei nicht mehr funktionierten. In der Werkstatt fanden wir heraus, dass mein Sohn die Schlitze der Schaltkulisse als geheime „Sparbüchse“ umfunktioniert hatte und sich die Münzen im Getriebe verkantet hatten. Die Ironie daran: Er wollte Geld für uns sparen, was dann in einer recht kostspieligen Reparatur für mich endete. Doch zurück zu Ihrer Frage: Ich halte nicht viel davon, eine Garage voller stehender Schönheiten zu besitzen. Genauso wie ich ihren Anblick genieße, liebe ich es, mit den Wagen auf Achse zu sein. Unberührte Showcars haben aus meiner Sicht keine Seele.

Gibt es auch Autos, bei denen Sie es bereuen, sie verkauft zu haben?
Auf jeden Fall. Eines der Autos war ein Ferrari 550, den ich genauso ausgestattet hatte wie den Ferrari 456 meiner Frau. Beide waren vollständig in Schwarz gehalten. Glücklicherweise konnte ich vor sechs Monaten die Spuren des Ferrari zurückverfolgen. Es war nicht nur mein erster Ferrari, sondern auch das Auto, in dem ich meine heutige Frau zu unserer ersten Verabredung abgeholt habe. Ich war jung und unerfahren und wollte der Dame meines Herzens beweisen, was für ein Draufgänger ich war. Ich begann sehr sportlich zu fahren, bis wir ins Schleudern gerieten. Glücklicherweise konnte ich wieder die Kontrolle gewinnen, doch meine Frau dachte nur: „Was für ein Idiot!“ Dennoch hat sie mich geheiratet. Mit diesem Auto verbinde ich viele glückliche Momente.

Was gefällt Ihnen an Ihrem ungewöhnlichen Land Rover 101 Forward Control?
Den habe ich gekauft, um mit meinen Kumpels einen Abend im Pub zu verbingen, ohne sich darüber Gedanken machen zu müssen, das Auto nachts draußen stehen zu lassen. Da ich nicht viel mit Alkohol anfangen kann, bin ich immer der Fahrer. Und weil es so viel Spaß macht, fahre ich manchmal eine Abkürzung querfeldein über Felder und holprige Landstraßen. Der 101 verkörpert alles, was ich an Autos liebe: Alle dienen unterschiedlichen Bestimmungen, aber mit allen kann man gemeinsam mit Freunden fröhliche und unvergessliche Momente erleben. Darum geht es mir.

29 BMD

FERRARI 308 GT4 RALLY

Von Peking nach Paris im Ferrari 308 GT4 Rally

Würden Sie in einem Ferrari aus den 70er-Jahren um die halbe Welt fahren? Wohl eher nicht, oder? Glücklicherweise gibt es da zwei Italiener, die trotz fortgeschrittenen Alters das Wagnis eingehen. Ehe sie mit ihrem 308 GT4 starten, wollten wir mehr über ihre Pläne erfahren.

Text und Fotos: Mathieu Bonnevie

Das feurige Temperament einer italienischen Diva: Manche würden sagen, dass dies das Letzte sei, was man auf einer 36 Tage und 13.600 Kilometer langen Fahrt um die halbe Welt gebrauchen kann. Nur nicht diese beiden italienischen Granden, Giorgio Schön und Enrico Guggiari. Sie fahren bei der diesjährigen Fernfahrt von Peking nach Paris mit einem zum Rallyewagen umgebauten Ferrari 308 GT4 um den Sieg. Es ist das erste Mal, dass ein Modell mit dem Cavallino Rampante an dieser historischen Fernfahrt teilnimmt.

Zum Glück hat das Duo die notwendige Erfahrung, um einen solch epischen Härtetest anzugehen. Schön, anerkannter Gentleman Racer, Giro-d'Italia-Sieger und achtfacher Teilnehmer der Targa Florio, leitet mit Rossocorsa in Mailand einen der größten Ferrari- und Maserati-Händler Europas. Guggiari ist zweifacher europäischer Wasserskimeister und ein Veteran des legendären Cresta Run in St. Moritz. Daneben hat er nahezu jede erdenkliche Oldtimer-Rallye schon einmal bestritten. Jede bis auf eine. Während Schön die Peking-Paris-Fahrt schon einmal vor drei Jahren absolvierte, ist sie für Guggiaro eine Premiere. Und die bestreitet er nun ausgerechnet in einem V8-Ferrari aus den 1970er-Jahren. Wie verrückt ist das denn?

Neben der Tatsache, dass ein Ferrari noch nie bei der traditionsreichen Rallye Peking – Paris teilgenommen hat, wurde der 308 GT4 aus einer ganzen Fülle von Gründen auserwählt.

Wenige Tage vor der Verschiffung des Ferraris nach Peking treffen wir das Paar bei einem Abschlusstraining auf dem Autodromo di Maggiora, einem Micky-Mouse-Rundkurs mit einer Kombination aus Asphalt- und Schotterpassagen. Und dazu sogar noch einem Sprunghügel! Neben der Tatsache, dass ein Ferrari noch nie bei der traditionsreichen Rallye Peking – Paris teilgenommen hat, wurde der 308 GT4 aus einer ganzen Fülle von Gründen auserwählt. Das Mittelmotor-Konzept bietet zunächst Vorteile in punkto Komfort und Handling. Zugleich ist die keilförmige Bertone-Karosserie erstaunlich geräumig, sodass Schön und Guggiari recht viele Ersatzteile mitführen können. Gerade der letzte Aspekt ist wichtig, durchqueren sie doch elf Länder mit völlig unterschiedlicher Topographie – von den unendlichen Weiter der kasachischen Wüste bis zum Verkehrschaos von Paris.

Und dann bietet der GT4 noch einen weiteren Vorteil: Er teilt sich viele Komponenten mit dem GTB, dem von Michelotto seinerzeit zum Gruppe-4-Rallyeauto aufgerüsteten Ferrari-Schwestermodell. Daher ist es auch keine Überraschung, dass sich im Auto zahlreiche Michelotto-Teile finden – von den Achsen bis zum Getriebe. Nach einigen feinen Nachjustierungen – darunter eine klein wenig abgesenkte Bodenfreiheit – ließ sich der Ferrari wunderbar rund und harmonisch um das kleine Autodrom scheuchen. Wir wurden freundlich eingeladen, ein paar Runden im Beifahrersitz mitzufahren. Das Erlebnis wird uns sicher noch einige Zeit im Gedächtnis und in den Knochen bleiben. Der wunderbar klingende V8 wurde übrigens auf eine fülligere Drehmomentkurve ausgelegt. So hat Schön immer genug Dampf von unten heraus, um das Auto nach Belieben quer- und anzustellen, während wir eine respektable Staubfahne hinter uns herziehen.

Ehe wir unser Interview mit Schön und Guggiari beginnen, wollen wir den beiden alles Glück für die epische Reise von China nach Frankeich wünschen. Wir sind sicher, dass viele *Classic Driver*-Leser ab dem 2. Juni das Abschneiden des roten Ferrari genau verfolgen und den beiden die Daumen drücken werden!

LIQUI
MOLY
AUTOLUCE
COLLE MANORA
103

PIRELLI

In Paris überhaupt anzukommen, ist unabhängig von der Position im Klassement schon ein tolles Erlebnis.

Warum haben Sie sich dazu entschieden, an diesem so besonderen Langstrecken-Rennen teilzunehmen?
Giorgio Schön: Weil es das längste und schönste Rennen der Welt ist. Die Länder, durch die man fährt, bieten atmosphärisch wie fahrerisch einfach unglaubliche Eindrücke, ganz besonders die Mongolei. Das Wettbewerbsniveau ist nicht sehr hoch, sodass auch nicht professionelle und reine Privatfahrer, die noch ein bisschen älter sind als wir, teilnehmen können (Anmerkung der Redaktion: Schön ist 73 Jahre alt, wenn es am 2. Juni in Peking losgeht, auch Guggiari ist schon über 70). In Paris überhaupt anzukommen, ist unabhängig von der Position im Klassement schon ein tolles Erlebnis. Vor drei Jahren landete ich mit einer klassischen Alfa Giulia auf Platz 32, weil wir auf der Strecke zwei Tage verloren hatten. Dennoch fühlten wir uns am Ziel wie Sieger!

Was sind diesmal Ihre Erwartungen?
Enrico Guggiari: Ich habe an dieser Veranstaltung bislang noch nicht teilgenommen. Vor langer Zeit bin ich einmal bei der Rallye Hongkong–Paris mitgefahren, aber noch nie bei der Peking–Paris. Besonders aufregend finde ich, dass wir das jetzt in einem Ferrari tun. Es ist der erste Ferrari, der jemals an einem solchen Langstrecken-Event teilnimmt und zur Konkurrenz gehören Autos mit einigen sehr schnellen Fahrern.

Wer hat die Entscheidung für die Wahl des 308 GT4 zu verantworten?
Giorgio: Das war ich! Bei meiner letzten Peking-Paris fuhr der Sieger einen Datsun. Also kaufte ich einen, um damit hoffentlich das gleiche Kunststück wiederholen zu können. Am Ende kam es aber nicht dazu – ich bin ein Ferrari-Händler und es hätte komisch gewirkt, wäre ich mit einem Datsun, Mercedes oder sonst einer Marke angetreten. So kam mir der Gedanke an den GT4. Das ist ein sehr gutes Auto – relativ geräumig, robust und mit einem kraftvollen Motor. Der Mittelmotor bietet auch Handling-Vorteile auf schlechten Passagen, also entschieden wir uns dazu, es mit diesem Modell zu versuchen.

Riva
103
LIQUI MOLY
AUTOLUCE
PIRELLI
PIRELLI

PIRELLI
ROSSOCORSA
RACING
PIRELLI

Die Rallye geht über 36 Tage und ich habe noch nicht darüber nachgedacht, wie ich das mental verkrafte (lacht).

Wie wird sich Ihrer Einschätzung nach der Ferrari im Vergleich zum Alfa fahren lassen?
Giorgio: Nach umfangreichen Testfahrten steht fest: in jedem Fall besser. Was aber auch schlicht daran liegt, dass die Giulia nur vier Zylinder hatte, der Ferrari dagegen acht. Oder anders ausgedrückt: acht Löcher, die sich mit Staub und Schlamm zusetzen können. Daumen drücken also, dass sich die Probleme nicht verdoppeln!

Wie unterscheidet sich das Auto von einem serienmäßigen Ferrari 308 GT4?
Enrico: Wir haben nahezu alles ausgetauscht. Zunächst wurde das Auto komplett zerlegt, dann das Chassis verstärkt und den Motor so neu abgestimmt, dass er mehr Drehmoment abgibt. Bei 3.000 Umdrehungen läuft er jetzt schön rund. Wir haben auch versucht, den zur Verfügung stehenden Raum zu optimieren. Das ist sehr wichtig bei einer solchen Fernfahrt und erklärt auch, warum das Reserverad aufs Dach wanderte.

Stimmt es, dass einige Komponenten aus einem Ferrari 308 GTB Gruppe 4 von Michelotto übernommen wurden?
Enrico: Ja, wir haben fast alle Teile von Michelotto bezogen. Ich fuhr damals den berühmten und bei Michelotto aufgebauten 308 in Pioneer-Farben bei zwei oder drei italienischen Meisterschaften. Und jetzt haben wir im Grunde dasselbe Auto entwickelt. **Giorgio:** Die mechanischen Komponenten wie Motor und Getriebe sind identisch. Nur das Chassis wurde verlängert und natürlich weicht die Karosserie ab. Zu den verbauten Michelotto-Teilen zählen auch die Achsen und der Auspuff. Dazu kommt ein spezieller Unterbodenschutz für das Getriebe.

Wie bereiten Sie sich physisch und mental auf so ein langes und hartes Rennen vor?
Enrico: Ich gehe regelmäßig ins Fitnessstudio, da ich Sorge um meinen Rücken habe und ich mich gegen Verletzungen schützen muss. Abgesehen davon: Die Rallye geht über 36 Tage und ich habe noch nicht darüber nachgedacht, wie ich das mental verkrafte (lacht). Das ist nicht zu vergleichen mit der Rallye Monte Carlo oder der Tour de Corse.

Wie läuft so eine Peking–Paris-Rallye in der Praxis ab?
Enrico: Wir müssen einem Roadbook folgen und – wie allgemein bekannt – sehr enge Checkpoints erreichen. Fakt ist, dass man einige unmöglich in der geforderten Zeit schaffen kann. Es gibt daneben jeden Tag noch ein oder zwei Sonderprüfungen, die allerdings nicht sehr lang sind. Wir dürfen keinerlei Service in Anspruch nehmen. Aus diesem Grund haben wir auch den Dino gewählt. Das ist streng genommen der einzige Ferrari mit etwas Platz. Er erlaubt es uns daher, eine Menge an Ersatzteilen mitzuführen. Die Organisatoren gewähren zwar den Fahrern etwas Hilfe, coch bleiben viele Autos liegen und daher denken wir, dass es besser ist, wenn wir uns auf uns selbst verlassen.

Giorgio, inwieweit hat Ihnen Ihre Erfahrung mit Rossocorsa bei den Vorbereitungen geholfen?
Giorgio: Ein großer Bereich des Unternehmens widmet sich klassischen Ferrari; wir verstehen daher die Mechanik des Autos sehr gut. Wir nahmen alle Modifikationen am Auto nach meinen Erfahrungen und denen meines Mechanikers Ivano vor – er war fünf Jahre lang Michael Schumachers Chefmechaniker und wir arbeiteten während der Testphase eng mit ihm zusammen.

Was sind die Rennen, an die Sie sich beide besonders gern zurückerinnern?
Giorgio: Ich gewann 1979 mit einem Porsche 935 den Giro d'Italia. Das war für mich sehr wichtig, ging es doch gegen Superstars wie Gilles Villeneuve, Riccardo Patrese, Markku Alén und Walter Röhrl. Doch meine Lieblingsrennen waren die Targa Florio und die Rallye Monte Carlo, an beiden haben ich je achtmal teilgenommen. **Enrico:** Ich bin die Hongkong–Peking und die Safari Rallye gefahren. Die Tour Auto sechsmal, den Giro d'Italia fünfmal. Und diverse italienische Meisterschaften, aber immer nur Rallyes.

Und erwarten Sie einen Sieg bei der Peking-Paris 2019?
Enrico: Wir gehen die Sache definitiv kämpferisch an. Für viele der 110 Teilnehmer zählt allein die Teilnahme. Es gibt daneben ungefähr 20 Fahrer, die wirklich gewinnen wollen, also warten wir es ab! **Giorgio:** Erzählt es niemandem, aber: Ja!

GARAGE NOVO

In der Garage Novo lebt Ettores Traum bis heute fort

Die Garage Novo bei Paris ist ein einzigartiger Ort: Schon drei Generationen lang wird diese perfekt erhaltene Bugatti-Werkstatt im Geiste der glanzvollen Ära von Ettore und des Grand Prix geführt. *Classic Driver* hat die Familie Novo besucht.

Text und Fotos: Rémi Dargegen

Man betritt die Garage Novo und fühlt sich in das Jahr 1950 zurückversetzt, als Großvater Henri diesen Ort schuf. Eigentlich hat sich seitdem nichts wirklich verändert: Es dreht sich alles weiter um Handwerk und um Wissen, das von Vater zu Sohn weitergegeben wird, begleitet vom Duft alten Schmieröls und den traditionellen Werkzeugen, die eingesetzt werden, um die kostbaren Autos zu warten und zu reparieren. In dieser historischen Werkstatt sind wir mit zwei Novo-Generationen, Vater Jean und Sohn Frederic, zu einem Gespräch verabredet.

Was ist Ihre früheste Erinnerung an Autos?
Jean Novo: Als ich sieben oder acht Jahre alt war, setzte mich mein Vater auf seine Knie, um die Bugattis in der Garage zu fahren. Er sah nach den Pedalen, ich kümmerte mich um die Lenkung!
Fred Novo: Ich weiß nicht mehr, wie alt ich war, aber ich erinnere mich an einen Ausflug mit meinem Großvater zur Rennstrecke von Montlhéry, die nur wenige Kilometer von der Garage entfernt liegt.

Eines Tages hörte er den Radau eines Autos, das rasend schnell durch die Straßen fuhr. Er drehte sich um und entdeckte, dass es ein Bugatti war. In dem Augenblick war ihm schlagartig klar, dass er mit diesen Autos zu tun haben wollte.

Jean, erzählen Sie uns doch die Geschichte von Ihrem Vater Henri Novo.
Als er 14 Jahre alt war, lebte er mit seiner Familie in sehr bescheidenen Verhältnissen. Eines Tages hörte er den Radau eines Autos, das rasend schnell durch die Straßen fuhr. Er drehte sich um und entdeckte, dass es ein Bugatti war. In dem Augenblick war ihm schlagartig klar, dass er mit diesen Autos zu tun haben wollte. Er ging zur Garage Teillac, einem der wichtigsten Bugatti-Händler in Paris, bekam eine einwöchige Probezeit und konnte dort noch am gleichen Tag mit der Arbeit beginnen. Er blieb dann viele Jahre dort.

Wie war die Arbeit in der Garage Teillac? Was machte Henri dort?
Mein Vater hatte ein echtes Talent für Mechanik. Er hatte eine rasche Auffassungsgabe und durfte in kürzester Zeit selbstständig an den Fahrzeugen arbeiten. Er machte seine Sache so gut, dass ihn der Werkstattleiter bald zum Grand Prix schickte, um Kunden zu unterstützen, die an Wochenenden Rennen fuhren. Es war eine harte Zeit, weil er sieben Tage die Woche arbeitete, ohne, dass sich jemand über die Arbeitsstunden Gedanken machte. Manchmal bekamen Kundenfahrzeuge schon während des Trainings ein Problem und wenn dann mein Vater seinen Chef in Paris anrief, bekam er immer das Gleiche zu hören: „Finden Sie eine Lösung, damit Monsieur Soundso das Rennen fahren kann, wenn nicht, brauchen Sie am Montag auch nicht mehr zur Arbeit erscheinen." Das war schon knallhart, nur die Leidenschaft zählte.

Was ist dann passiert? Wie kam es, dass Ihr Vater dann sein eigenes Geschäft gegründet hat?
Er verließ die Garage Teillac und arbeitete dann noch für einige andere Werkstätten. Nach dem Krieg war er in einer Bugatti-Lancia-Werkstatt beschäftigt, die sich gleichzeitig um Simcas und einige andere populäre Marken kümmerte. Mein Vater wollte dort aber weg, weil er keine Lust zu Reparaturen an diesen anderen Autos verspürte, zumal es auch immer weniger Bugattis gab. Aber die Firma hatte eine riesige Menge an Bugatti-Ersatzteilen und bot sie meinem Vater als Grundstock für sein eigenes Unternehmen zum Verkauf an. Mein Vater hatte dafür nicht sofort die Mittel zur Hand, und als er eine Woche später mit dem Geld zurückkehrte, war alles einfach weggeworfen worden. Das war der Dank für die Arbeit meines Vaters!

Im Jahr 1950 gründete er seine erste eigene Garage in Montrouge bei Paris, später zog er um nach Vitry-sur-Seine nahe den Vororten. Ein paar Jahre später musste er die Werkstatt räumen, weil verschiedene städtische Verwaltungen den Raum für ihre

BOUGIES
K
L
G
BUGATTI

BUGATTI

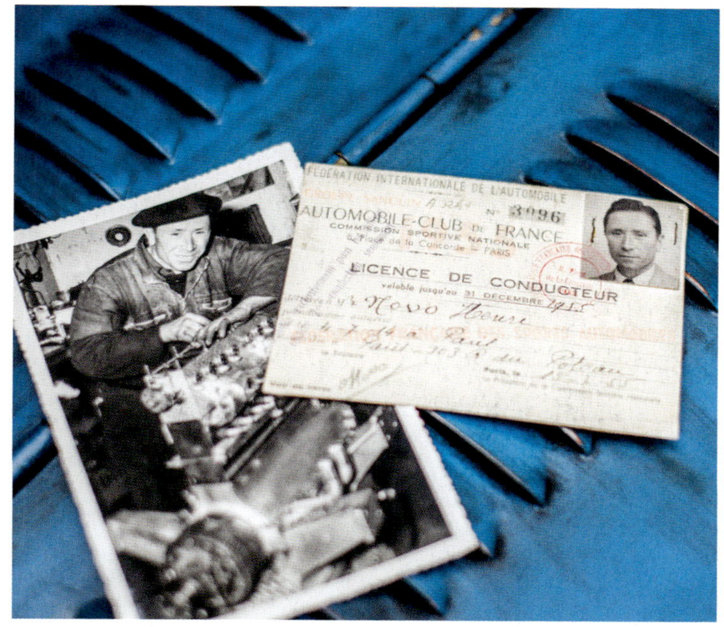

Mein Großvater bewahrte viele Autos, entweder indem er sie für Besitzer wartete oder weil er sie zu einer Zeit kaufen konnte, in der ein Bugatti als alt und wertlos galt.

Gebäude brauchten. Also siedelte er sich 1968 mit der Werkstatt schließlich in Montlhéry an (wo wir auch heute noch sind). Hier hat er mit uns noch bis Mitte der 1990er Jahre zusammengearbeitet.

Wie sehen Sie das Lebenswerk von Henri Novo?

Jean: Er leistete Unglaubliches und arbeitete engagiert, um so viele Bugattis wie nur möglich zu bewahren. Dafür müssen wir ihm dankbar sein. Außerdem war er ein echter Self-Made-Man, den ein angeborenes Gefühl für Technik und Leidenschaft auszeichnete. Für ihn war es so, als hätte das Bugatti-Werk nie die Tore geschlossen. Er sprach vom „Maison Bugatti" im Präsens, zum Beispiel: „Wie kann das Maison nur so ein Teil bauen?" Man hatte den Eindruck, er wolle gleich in Molsheim mit Vorschlägen zur Verbesserung von Komponenten anrufen, selbst 30 Jahre nach Ende der Fabrikation. Für ihn war „La Marque" immer noch am Leben.

Fred: Mein Großvater bewahrte viele Autos, entweder in dem er sie für Besitzer wartete oder weil er sie zu einer Zeit kaufen konnte, in der ein Bugatti als alt und wertlos galt. In der Autoszene gibt es wenige, die Vergleichbares geleistet haben.

Jean, wie kam es zur Zusammenarbeit mit Henri?

Von frühester Jugend an war ich bei ihm in der Werkstatt und habe stundenlang Ventile geschliffen. Rasch habe ich gelernt, ihm bei der Instandsetzung der kompletten Motoren zu helfen. Als ich 16 war, hat er mir dann meinen ersten Bugatti geschenkt. Ich besitze ihn immer noch, er steht in der Garage: ein Typ 38A mit einer Karosserie von Lavocat et Marsaud. Ich habe auch mal für ein anderes Geschäft gearbeitet, aber es war für mich nicht der richtige Ort und so bin ich 1982/83 hierher zurückgekehrt.

Wie beurteilen Sie die Marke Bugatti?

Ich habe große Begeisterung für die Marke. Wer einmal am Steuer eines Bugatti saß, kommt nicht mehr davon los.

BUGATTI

BUGATTI

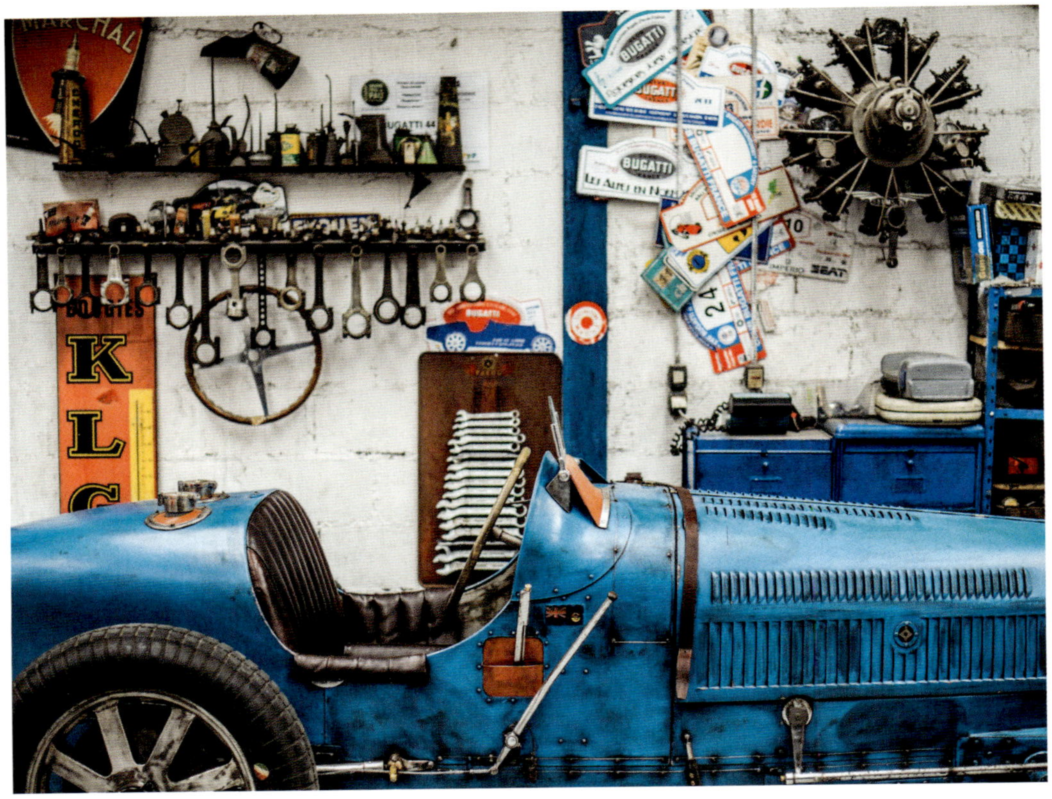

Es ist nicht leicht einen Gewinn zu erzielen, wenn das Geschäftsmodell die Leidenschaft ist, aber ich bedaure auch nichts.

Wie laufen die Geschäfte?
Na ja, schwierig war es immer. Es ist nicht leicht, einen Gewinn zu erzielen, wenn das Geschäftsmodell die Leidenschaft ist, aber ich bedaure auch nichts. Wir besitzen engagierte und interessante Kunden, die neugierig unsere Arbeit begleiten und beispielsweise auch wissen wollen, wie jedes Teil hergestellt wird.

Wie kamen Sie zur Garage Novo, Fred?
Ich habe zunächst nicht so viel Zeit in der Werkstatt verbracht wie mein Vater, eigentlich erst als Teenager. Zunächst habe ich woanders für ein Jahr als technischer Verkäufer für Drucktechnik gearbeitet. Aber ich war damit ziemlich unglücklich, also habe ich gekündigt und begann, in der Familienwerkstatt mit meinem Vater und Großvater zusammenzuarbeiten. Und da bin ich bis heute.

Aber Sie wussten nicht viel über Autos und Motoren?
Stimmt! Ich musste eine Menge lernen, aber ich hatte auch die besten Lehrer. Durch mein Studium wusste ich einiges über „Metall“ und konnte mit Werkzeugmaschinen wie Fräsen und Drehbänken arbeiten.

Warum haben Sie nicht gleich in der Werkstatt gearbeitet?
Wissen Sie, ich hatte dieses Bild von meinem Großvater und Vater, die stets sehr viel arbeiteten, aber dabei wenig verdienten. Ich wusste, dass es ein fordernder Beruf ist. Ich teilte auch nicht diese große Leidenschaft, vielleicht, weil sie dauernd zu tun hatten und wir kaum Zeit hatten, bei Rallyes dabei zu sein. Aber bei der Jubiläumsrallye zu Ettore Bugattis 100. Geburtstag waren wir alle drei als Mechaniker dabei – eine tolle Erfahrung.

Wie würden Sie Interesse heute beschreiben?
Meine Begeisterung für diese Art Arbeit kam sehr spät. Sie entwickelte sich allmählich und heute fühlt sich alles ganz selbstverständlich an. Ich mag Autos mit einer starken Persönlichkeit.

Wie würden Sie die Automobile von Bugatti charakterisieren?
Sie haben zugleich positive Qualitäten, aber auch Fehler. Erfreulicherweise überwiegt Ersteres. Es ist die Mischung aus Beidem, die ein ausgewogenes Fahrzeug mit großer Persönlichkeit ausmacht.

Können Sie uns ein Beispiel geben?
Vor einigen Jahren, als noch weniger Verkehr auf den Straßen war, konnten wir direkt mit den Autos zu unseren Pariser Kunden fahren. Einmal habe ich einen Typ 57 Ventoux abgeholt – ausgezeichneter Motor, gutes Chassis, aber immer noch ein großes, schweres Fahrzeug, das sich nicht schnell fahren ließ. Plötzlich bemerkte ich im Rückspiegel ein Auto, das sich schnell näherte. Weil damals viele Fahrzeuge von der Straße weggekidnappt wurden, beschleunigte ich und fuhr den 57er, wie es sich eigentlich gehörte. Das andere Auto wurde im Spiegel immer kleiner, aber dann kam es näher, immer schneller. Voraus waren etliche Kreisel und da ich keinen Überfall riskieren wollte, gab ich einfach in jeder Kurve, jedem Kreisverkehr richtig Gas. Der 57 fühlte sich fantastisch an. Aber das andere Auto ließ nicht locker. Ich kam endlich in unserem Dorf an, aber die Ampel sprang auf rot und so musste ich anhalten – und beten. Der Typ kam neben mir zum stehen und rollte sein Fenster herunter: „Hey, Fred, du fährst diesen 57er wie deinen 35er. Du bist verrückt. Aber es hat Spaß gemacht, an dir dranzubleiben." Es war kein anderer, als der Formel-1-Rennfahrer Jean-Pierre Beltoise.

Wie denken Sie über Ihren Vater?
Ich habe enormen Respekt vor ihm. Im Alter von 76 Jahren arbeitet er nach wie vor schnell und effizient. Beeindruckend!

Und wie sehen Sie Ihre eigene Arbeit?
Ich bin immer noch mit Feuer dabei. Es gibt keine Ersatzteile mehr, man muss die Fahrzeuge auf die Art und Weise pflegen und reparieren, die den Arbeiten der letzten 30 bis 40 Jahre keine Gewalt antut, manchmal unter Einsatz von Techniken aus den 60ern und 70ern. Wenn also ein Bugatti zum ersten Mal bei uns in der Werkstatt auftaucht, wissen wir nie vorher, was erledigt werden muss. Aber wenn er zum Kunden zurückgekehrt, dann mit dieser Novo-Handschrift. Das ist wie ein Gütesiegel. Bei unseren geschätzten Kollegen von Rondoni in Südfrankreich herrscht dieselbe Haltung: Besondere Automobile verdienen exzellenten Service.

Welcher ist für Sie beide der Bugatti schlechthin?
Jean und Fred: Entweder der Typ 35 oder der Typ 44. Ein gut gewarteter Typ 44 eignet sich auch hervorragend für Rennen.

Und der ultimative Bugatti?
Jean und Fred: Keine Frage, der Typ 59. Henri hat sich in den 1950er-Jahren lange um einen gekümmert. So einen würden wir gerne wieder in der Werkstatt betreuen dürfen.

Also nicht der Typ 45/47 mit dem H-Motor?
Das wäre für uns beide wohl eher der amüsanteste Bugatti. Von Ettores vielen Versuchen ist der schon der merkwürdigste. Aber irgendwie ist auch dieses Modell ein ultimatives Werk.

Ihr Traumauto?
Jean: Der Ferrari 250 SWB. Das Heck ist wunderschön und die Melodie des Motors ist grandios.
Fred: Der Delage 15 S8 1500 Grand Prix, den wir hier regelmäßig betreuen. Das Triebwerk ist toll, der Wagen lässt sich auch sehr gut fahren.

LOTUS 62/2 COACHBUILT BY RADFORD

Mit Radfords Lotus 62/2 auf Testfahrt in Los Angeles

Noch vor der ersten Auslieferung des Lotus 62/2 Coachbuilt by Radford waren wir mit an Bord für eine exklusive erste Ausfahrt durch den Santiago Canyon in Orange County. In Radfords Hauptquartier in Newport Beach hat uns Ant Anstead anschließend die neuesten technischen Entwicklungen verraten.

Text: Daniel H. Lackey / Fotos: Huckleberry Mountain

Wenn Sie die letzten zwölf Monate nicht als Eremit in einer Höhle verbracht haben, dann dürfte Ihnen vermutlich die Wiedergeburt von Radford, einer ziemlich coolen Individualisierungsfirma in Kalifornien, deren Herz auch britisch schlägt, nicht entgangen sein. Letztes Jahr haben wir uns mit den Machern von Radford zusammengesetzt, um mehr über ihren eben enthüllten Supersportwagen zu erfahren. Für alle, die diese Premiere verpasst haben: Das neu formierte Unternehmen, an dessen Spitze Ant Anstead, Jenson Button und Roger Behle stehen, strebt ehrgeizig eine neue Ära der sonderangefertigten Automobile an. Zu dieser Zeit vor einem Jahr hat Radford die erste Partnerschaft mit einem Hersteller angekündigt und bereits im August gewannen wir einen ersten Eindruck des exquisit gestylten Lotus Type 62/2 mit der Handschrift von Radford. Ein bemerkenswertes erstes Auto, um einen Marken-Relaunch zu starten, vor allem auch, weil Lotus diese Art von Zusammenarbeit seit Jahrzehnten nicht mehr unternommen hat.

Natürlich sind wir alle von den historischen Zitaten und von der Lackierung aus Zeiten der Tabakwerbung begeistert, aber bis jetzt hat man doch wenig über die Leistung des Autos und die Technik dahinter erfahren. Bis jetzt. *Classic Driver* freut sich sehr, Ihnen einen ersten Blick unter die Haut von Radford Motors' erster Schöpfung zu ermöglichen. Und wie wir dabei gelernt haben, ist der 62/2 weit mehr als eine Retro-Kopie oder ein Lotus mit Redesign. Ganz weit gefehlt. Nachdem wir das Team bei einer Testfahrt auf den malerischen Canyon-Straßen Südkaliforniens begleitet haben, waren wir mit Ant Anstead in Radfords Hauptquartier in Newport Beach verabredet, um zu erfahren, was sich unter dieser schönen Karosserie verbirgt und warum der 62/2 so wegweisend ist.

„Unsere TV-Show ‚Radford Returns‘ hatte am 22. Januar in Großbritannien und in den USA Premiere und das waren die letzten Informationen, die wir kommuniziert haben. Die Sendung dokumentiert für mich die erste Hälfte des Prozesses: die Wiederbelebung von Radford, die Partnerschaft mit Lotus, der Bau eines Prototyps und Designkonzepts. Seit dieser Premiere hat eine Unmenge von Überarbeitungen unter der Metallhaut stattgefunden. Das ist jetzt unsere erste Gelegenheit zu erzählen, was sich bei uns seitdem getan hat.“

„Den Ausgangspunkt für dieses erste Auto bestimmte Jenson [Button]: Er wählte dafür den ohnehin schon beeindruckenden Lotus Exige. Als Basis ist der Exige eine Klasse für sich, denn er ist sehr elementar, sehr unmittelbar, sehr analog – wir hätten es auch dabei belassen können. Was wir aber nicht gemacht haben. Alle wissen, dass wir dieses Auto länger und breiter entworfen haben. In der TV-Show waren die technischen Lösungen noch nicht ausgearbeitet, weil wir zunächst das Karosseriedesign entwickelt haben. Aber für Kundenfahrzeuge gehen wir noch ein paar Schritte weiter. Es beginnt mit der Entwicklung eines neuen Heck-Spaceframes. Durch Jensons Verbindungen zur Formel 1 konnten wir uns an ROCK wenden, ein Weltklasseteam von ehemaligen F1-Ingenieuren, um das Heck-Spaceframe mit ihrer Hilfe neu zu konstruieren und das Auto länger und leichter zu machen. Das komplette Fahrzeug wiegt annähernd 960 Kilo und ist damit heute das leichteste Supercar überhaupt.“ Obwohl das berühmte stranggepresste und geklebte Aluminiumchassis des Exige von Lotus geliefert wurde, hat der neue Radford kaum noch etwas mit dem Lotus-Sportwagen gemein.

Und wie wir dabei gelernt haben, ist der 62/2 weit mehr als eine Retro-Kopie oder ein Lotus mit Redesign. Ganz weit gefehlt.

Ant erzählt: „Das Auto besitzt komplett neue Querlenker, neue Radträger, neue Naben und sogar Antriebswellen aus Titan. Alles wurde individuell maschinell gefertigt. Der obere Querträger ist aus Karbon, wir haben auch Karbonräder mit gefrästen Magnesium-Mittelstücken, die enorm Gewicht einsparen. Wir haben uns für vierfach verstellbare Dämpfer entschieden und wir haben einen elektronischen Hubbausatz eingebaut, damit das Auto Bodenschwellen und Einfahrten passieren kann. Das sind Beispiele für die Detailarbeit, die in dieses Auto geflossen ist.“

62

62

Es scheint also, als hätte fast jede Komponente des 62/2 eine Radford-Behandlung bekommen, einschließlich des komplett überarbeiteten 3,5-Liter-V6.

„Jeder Radford-Motor", erklärt Anstead, „wird in Österreich von JUBU Performance gebaut und fast alles an dem Antrieb ist neu: neue Kolben, neue Pleuel, neue Kurbelwelle, neue Zylinderköpfe, neue Turbolader. Wir haben den Auspuff ausgewechselt sowie die elektronische Steuereinheit und wir haben es geschafft, den Motor um 100 mm nach vorne zu bewegen und ihn dank eines Trockensumpfsystems um 80 mm abzusenken. Die meisten Kunden haben ihr Auto auf zwischen 558 und 608 PS konfigurieren lassen. Und mit diesem Leistungsgewicht ...aber lassen Sie sich überraschen."

Man darf nicht vergessen, dass Radford sich als Coachbuilder und nicht als Hersteller betrachtet. Das heißt, dass jedes Auto wie maßgeschneidert für den Kunden ist. „Abgesehen vom JPS, der ein fest konfiguriertes Modell ist, sind die Ausstattungsoptionen schier endlos. Für uns war es hochinteressant zu beobachten, wie unsere Kunden ihr Auto konfigurieren. Es war tatsächlich faszinierend in ihre Köpfe zu schlüpfen. Wir haben das Interieur komplett neu entwickelt, damit alle Teile leichter sind, zugleich haben wir die Sitzposition verändert. Wir haben viel Zeit in den Innenraum investiert, um ein Le-Mans-Feeling zu erzeugen. Wir wollten es analog halten und haben ein Minimum an beweglichen Teilen, damit alles funktional ist. Mir gefällt es, dass wir mit nur einer Handvoll Schalter auskommen. Unser Auto fühlt sich an wie ein Rennwagen – ganz offensichtlich an die Tradition der Marke angelehnt."

„Wir haben auch einige der aufwendigen Verkleidungen, die im originalen Heck verbaut sind, entfernt. Uns wurde klar, dass wir den Blick auf unseren neuen Spaceframe, den Karbon-Querträger und die wirklich schönen Stoßdämpfer und Querlenker nicht verdecken wollten. Wir wollten bei Öffnen der Heckklappe diesen Rennwagen-eindruck erreichen. Dieser 62/2 sollte aussehen, als fühlte er sich in der Boxengasse von Le Mans ganz wie zu Hause – und bereit rauszufahren, um anzugreifen."

In den letzten Jahren ist die digitale Konnektivität zu einem zunehmend wichtigen Aspekt unseres Fahrerlebnisses geworden. Auch dafür hat Radford eine Lösung gefunden. Art Anstead erzählt: „Wir haben eine Radford-App entwickelt. Gemäß Colin Chapmans Philosophie, dass man Leichtigkeit hinzufügt, haben wir diskrete

BANC OF CALIFORNIA
62
GOLD LEAF
TEAM LOTUS

Wir haben uns von Anfang an gefragt, was würde Colin Chapman tun, was Harold Radford? Chapmans Agenda war sehr deutlich: So wenig bewegliche Teile wie möglich, um ein effizientes Ergebnis zu erzielen.

Lautsprecher im Auto integriert, aber ohne Stereosystem. Ihr Smartphone ist das System: Es sitzt dann auf einem Magnet auf dem Armaturenbrett und die Radford-App öffnet Karten, Musik, Kontakte und Details über das Auto. Es war für uns sehr spannend, diese Applikation zu entwickeln und wir denken, dass andere Kleinserienhersteller unserem Weg folgen werden. Es ergibt doch Sinn, oder? Jeder trägt ein Handy mit sich herum, also warum es nicht ins Fahrzeug integrieren? Das wäre auch Colin Chapmans Ansatz gewesen." Ganz offenbar folgt Radford Motors klaren Prinzipien: äußerste Sorgfalt bei mechanischen Details in Kombination mit der Raffinesse einer Sonderanfertigung.

„Wir haben uns von Anfang an gefragt, was würde Colin Chapman tun, was Harold Radford? Chapmans Agenda war sehr deutlich: So wenig bewegliche Teile wie möglich, um ein effizientes Ergebnis zu erzielen. Bei Harold Radford hingegen dreht sich alles um Verfeinerung, Komfort und Individualität. Das Bemühen, diese Balance zu halten, durchdrang buchstäblich jede einzelne Komponente. Was wir bisher veröffentlicht haben, ist eine Visualisierung des ersten Radford-Automobils seit Jahrzehnten und des letzten Verbrenner-Lotus überhaupt, was einfach toll ist. Die meisten halten das Fahrzeug auch für sehr attraktiv, zugleich haben wir die Tradition des ursprünglichen 62 – wie ich finde – gut übersetzt. Ich denke, wir haben die Design-DNA einfangen können. Man sieht das, wenn sie nebeneinander parken. Und das in Zeiten, in denen Geschichte immer wichtiger wird. Aber bei einem Hochleistungsfahrzeug, das derzeit als leichtester Supersportwagen der Welt gilt, ist die Technik für uns spannender als das Aussehen. Ja, er ist hübsch, aber er fährt auch – und wie!"

„Nehmen wir beispielsweise diese Radträger: Sie gefallen mir so gut, dass ich sie bei mir im Regal aufstellen würde. Aber seien wir ehrlich, die meisten Menschen werden sie nie zu Gesicht bekommen. Man kann sie nicht sehen, weil die Karbonscheiben so groß dimensioniert sind. Es wird ein Teil sein, von dem niemand weiß, dass es verbaut ist, aber wir wissen das, und dass es mit Absicht entworfen wurde. Wenn man ein Gramm einsparen kann oder die Leistung optimieren kann, dann tut man das. Wir sind bei diesem Auto keine Kompromisse eingegangen. Alles wurde ausdrücklich mit dem Ziel Leistung entwickelt." Ant Ansteads Leidenschaft für Radford ist mit Händen zu greifen. Es geht um mehr, als nur die Verwirklichung eines Projekts aus Leidenschaft: Für das Team in Newport Beach verkörpert Radford alles, was ein Auto sein sollte und sein könnte. Ein Auto, definiert von klaren Prinzipien und gebaut ohne Kompromisse.

L O T U
TYPE 62-2

MICHELE LUPI

Entdeckungstour in Mailand mit Design-Vordenker Michele Lupi

Als Markenvisionär des italienischen Schuhfabrikanten Tod's ist Michele Lupi ein Grenzgänger zwischen Mode, Design und Popkultur. Nun lud er uns zu einer Entdeckungsfahrt an Bord seines wunderbaren Mercedes-Benz 280 TE durch seine Heimatstadt Mailand ein.

Text: Jan Baedeker / Fotos: Andrea Klainguti

Als im März diesen Jahres beim Winter-Concours „The Ice" die millionenschweren Sammlerautos über den zugefrorenen See von Sankt Moritz rutschten, fiel uns ein Teilnehmer besonders ins Auge: Der bescheidene, aber kreativ individualisierte Mercedes-Benz W123 Kombi mischte sich mit seinem eleganten dunkelblauen Lack und den gelben Nebelscheinwerfern ganz selbstverständlich zwischen die Sportwagen-Ikonen von Ferrari, Lamborghini und Lancia. Auch auf unserem Instagram-Kanal sorgte das T-Modell für eine kleine Sensation.

Der Besitzer, so stellte sich heraus, war Michele Lupi – ein vielfältig taltentierter Journalist aus Mailand, der die italienischen Ausgaben der Magazine *Rolling Stone, GQ* und *Icon* gegründet hatte und kürzlich zum ersten „Men's Collections Visionary" der Modemarke Tod's berufen worden war. Als wir Michele einige Wochen später erneut während der Mailänder Designwoche trafen, wo er für Tod's eine inspirierende Pop-Up-Ausstellung kuratiert hatte, schlug er vor, uns beim nächsten Besuch seine liebsten Orte der Stadt zu zeigen. Natürlich sagten wir zu.

Die Parkgarage, in der Michele seine Autos abstellt und an dem wir uns an diesem Morgen verabredet haben, ist einer der typischen historischen Mailänder Orte, die man niemals entdecken würde – wenn man nicht genau wüsste, wo man suchen soll. Das zweistöckige modernistische Gebäude der Autorimessa Cesena wurde in den 1950er-Jahren auf jenem Fußballfeld erbaut, auf dem damals die Spieler von Inter Mailand trainierten. In dritter Generation vom Enkel des einstigen Erbauers betrieben, ist das Parkhaus mit seiner großen Fensterfront, der blätternden grünen Farbe und der tropischen Vegetation eine wahre Zeitkapsel, die einen den Aufbruchsgeist spüren lässt, der in den Nachkriegsjahren durch Mailand wehte. Gerade als wir den unglaublich gut erhaltenen Alfa Romeo 1750 Berlina des Garagisten bewundern, ertönt die wohlbekannte Hupe eines klassischen Mercedes. Michele ist da – und als Schnelldenker und noch rasanterer Geschichtenerzähler verwickelt er uns sofort ins Gespräch.

Du bist in den 1960er-Jahren im Herzen von Mailand aufgewachsen – erzähl uns doch ein wenig von deiner Familie und der Stadt damals.

Ich wurde 1965 in Mailand geboren. Und während die meisten bürgerlichen Familien damals aus der Stadt herauszogen, blieben wir mitten im Zentrum wohnen. Die Gegend war heruntergekommen und etwas gefährlich, aber auch faszinierend. Meine Familie selbst war ebenso unkonventionell. Mein Vater war Architekt und Grafikdesigner, er arbeitete mit Achille Castiglioni und entwarf die Logos für Fiorucci, Miu Miu und die Fahrradmarke Cinelli. Er war auch als Art Director für die Ästhetik der Magazine *Domus* und *Abitare* verantwortlich. Meine Eltern hatten beide ein Herz für die angelsächsische Kultur und wir besaßen ein Haus im Londoner Stadtteil Kew Gardens, wo wir viel Zeit verbrachten. Als Kind war ich ständig von Kunst, Grafikdesign, Architektur und internationalem Stil umgeben – ich atmete es geradezu ein.

Woher kommt deine Faszination für Autos?

Niemand in meiner Familie brachte Autos besondere Leidenschaft entgegen. Doch eines Weihnachtens ging meine Mutter zum nächsten Triumph-Händler, kaufte einen weißen Spitfire mit crèmefarbenem Verdeck, gab den Renault 4 meines Vaters in Zahlung – und schenke ihn meinem Vater als Überraschung zum Fest. Er war völlig verzweifelt. Natürlich hatte er seinen Renault geliebt, es war doch ein echtes Architektenauto. Dennoch durfte der Triumph bleiben und wir fuhren damit durch ganz Europa. Ich wurde irgendwo hinter die Sitze gequetscht. Wahrscheinlich erwachte damals mein Interesse an Autos. Bis heute halte ich Autos für faszinierende Objekte – eigentlich sind es ja kleine Häuser, die man beheizen und mit denen man durch die Gegend fahren kann. Durch die Windschutzscheibe sieht man wie auf einer Kinoleinwand ständig etwas Neues. Irgendwann begann ich ein Studium der Architektur, doch die Autos ließen mich nicht los. Viel lieber wollte ich über Rennwagen schreiben.

Wieso Rennwagen?

Als ich elf Jahre alt war, wurde ich auf eine polnische Privatschule in South Kensington geschickt, um dort mein Englisch aufzupolieren. Einer der Jungen in meiner Klasse war Giuseppe Cipriani, dessen Vater die berühmte Harry's Bar in Venedig gehörte. Später wurde er ein professioneller Rennfahrer, er besaß sogar ein eigenes Rennteam in der Formel 3000. Doch auch damals begeisterte er sich schon für den Motorsport. Eines Tages fragte er mich, ob ich ihn zum Großen Preis von England nach Brands Hatch begleiten wollte. Das Rennen war ein wildes Duell zwischen James Hunt und Niki Lauda, die Menge tobte – und ich verfiel der Fomel 1 mit Haut und Haar. Noch am Abend klangen mir die Cosworth- und Ferrari-Motoren in den Ohren. Beim nächsten Rennen am Nürburgring hatte Niki Lauda seinen tragischen Unfall.

PR 618492

Bis heute halte ich Autos für faszinierende Objekte – eigentlich sind es ja kleine Häuser, die man beheizen und mit denen man durch die Gegend fahren kann. Durch die Windschutzscheibe sieht man wie auf einer Kinoleinwand ständig etwas Neues.

Gibt es ein Rennen, das dir besonders in Erinnerung geblieben ist?
Im selben Jahr übernachtete ich bei einem Schulfreund. Ich hatte mir einen Wecker auf fünf Uhr morgens gestellt, um den Großen Preis von Japan anzusehen. Ich erinnere mich noch genau: Alle anderen Menschen im Haus schliefen noch, es war ganz still und eisig kalt, doch ich konnte meine Augen einfach nicht vom Bildschirm des Schwarzweiß-Fernsehers lösen. Das Rennen wurde wegen des immensen Regens immer wieder verschoben, doch irgendwann ging es doch los. Niki Lauda entschied sich gegen den Start – und James Hunt gewann die Weltmeisterschaft mit nur einem Punkt Vorsprung. Viele Jahre später erzählte mir Mauro Forghieri, der damalige Renningenieur von Ferrari, wie er die Rennstrecke von Fuji an diesem Tag zusammen mit Niki Lauda in einem Rolls-Royce verließ, als das Rennen noch lief. Der Beifahrer übersetzte die Liveübertragung aus dem japanischen Radio – als Lauda vom Sieg seines Rivalen erfuhr, waren sie schon fast am Flughafen.

Wie kamst du schließlich zum Autojournalismus?
Mein Vater hatte mir einmal zu Weihnachten ein selbst entworfenes Set mit Briefköpfen und Visitenkarten geschenkt – ein Motiv war inspiriert von den Londoner U-Bahn-Tickets. Als ich mich entschied, mein Architekturstudium aufzugeben und mich als Journalist zu bewerben, schrieb ich an alle wichtigen Verlage – doch niemand schrieb zurück. Eines Tages rief jemand von Rizzoli an und sage, sie seien nicht an meinen Schreibkünsten interessiert, aber wer habe bitteschön mein Briefpapier gestaltet? Wir trafen uns schließlich auf einen Drink, verstanden uns gut – und ich fing an, Testwagen zu Fotoproduktionen in ganz Italien zu überführen und kleine Texte zu schreiben. Später wechselte ich dann immer wieder die Ressorts, eine Zeit lebte ich als Reisekorrespondent in New York, später gründete ich dann die italienischen Ausgaben von *Rolling Stone*, *GQ* und *Icon*. Doch meine Leidenschaft für Rennsport und Autos blieb.

Wir verlassen die Garage und fahren in Richtung von Micheles Stammwerkstatt. So sitzen wir bequem gefedert auf den Ledersitzen des alten Mercedes, lassen uns durch den Mailänder Vormittagsverkehr in Richtung der Industrieviertel von Lambrate chauffieren. Ein guter Zeitpunkt also, um etwas mehr über das Auto zu erfahren.

Was ist das Besondere an deinem Mercedes?
Nun, es ist ein Mercedes-Benz 280 TE aus dem Jahr 1982. Ich interessiere mich nicht allzu sehr für die Seltenheit oder den Wert eines Autos, für mich sind das Design und die visuellen Details viel wichtiger. Vor allem für Kombis und Shooting Brakes habe ich eine Schwäche. Ich besaß vorher einen Mercedes 300 Diesel in sehr gutem Zustand, aber er hatte keine Klimaanlage und im Sommer wurde es unerträglich heiß. Also wechselte ich zu diesem Exemplar. Das burgunderfarbene Leder stammt von German Auto Tops, einem Mercedes-Spezialisten in Los Angeles. Ich habe es mir schicken und hier die Sitze damit beziehen lassen. Ich habe auch das Originallenkrad gegen ein Volant von Nardi ausgewechselt. Im Italien der 1980er-Jahre hatten alle T-Modelle ein Nardi-Lenkrad. Mir gefällt es so einfach besser. Ich habe auch die gelben Nebelscheinwerfer installiert und den Norton-Sticker aufs Heck geklebt. Ich liebe alte Rennsport-Aufkleber und T-Shirts aus den 1950er- und 1960er-Jahren. Wahrscheinlich habe ich diese Leidenschaft für alte Logos und nostalgisches Grafikdesign von meinem Vater geerbt.

Was fasziniert dich so an Kombis?
Im Sommer 1982 verbrachte ich mit zwei Freunden einige Zeit in London. Eines Abends mussten wir uns entscheiden, ob wir das Finale der Fußballweltmeisterschaft zwischen Italien und Deutschland in einem Pub oder lieber The Clash live in Brixton ansehen wollten. Letztendlich ging ich allein zum Konzert und lungerte vor dem Backstage-Eingang herum, bis die Band eintraf. Plötzlich rollte ein knallroter Ford Granada Kombi heran und die vier Mitglieder von The Clash stiegen heraus. Später am Abend holte Italien den Titel – doch ich hatte die richtige Wahl getroffen. Irgendetwas an Kombis aus den 1980er-Jahren erinnert mich seitdem an The Clash und diese Nacht.

Nachdem uns Michele durch ein Labyrinth aus rot getünchten Warenhäusern und Großmärkten navigiert hat, deuten wir die zahlreichen klassischen Mercedes in unterschiedlichen Stadien der Dekonstruktion als Zeichen, dass wir uns unserem Zielort näherten. Die Werkstatt von Ricky Motors wird von Enrico Pighetti, dem einstigen Chefmechaniker von Mercedes-Benz Mailand geführt – und gilt laut Michele als erste Adresse für leidenschaftliche Sammler alter Mercedes-Modelle aus den 1980er- und 1990er-Jahren aus ganz Norditalien. Pighetti arbeitet jedoch nicht nur an Klassikern mit Stern, er ist ein echter 360-Grad-Mechaniker. „Mir ist es egal, was ein Auto wert ist, und es macht keinen Unterschied, ob ich einen Fiat 850, einen Ferrari 250 GTO oder einen Suzuki Ignis repariere“, erklärt er. „Was mich interessiert und mich glücklich macht, ist das Arbeiten an Motoren und das Lösen von Problemen.“ Doch Enrico ist kein Mann großer Worte, also lassen wir unseren Tour Guide weiter berichten.

Michele, wie lange bringst du deine Autos schon zu Ricky Motors?
Kennengelernt habe ich Enrico vor etwa neun Jahren. Ich besaß damals einen Porsche 993 Carrera 4 mit unglaublich vielen Kilometern, den ich jeden Tag fuhr. Ich brachte ihn regelmäßig zu Porsche in die Werkstatt und ließ dort ein Vermögen. Als ich Ricky Motors auf eine Empfehlung hin zum ersten Mal besuchte, traf ich meine beiden Mechaniker aus dem offiziellen Porsche-Zentrum – sie hatten ein mechanisches Problem, das sie nicht lösen konnten, und baten Enrico um Rat. Ich stellte mich vor und wurde sehr herzlich Willkommen geheißen. Was mich an Enrico am meisten überraschte, war seine Neugier – gar nicht mal für Autos, sondern für Menschen. Er ist eine authentische Person, man merkt ihm seine guten Absichten und seine reine Seele sofort an. Ich hatte den Mechaniker gefunden, den ich mein ganzes Leben lang gesucht hatte – und einen Freund noch dazu.

Wir verabschieden uns von Enrico, der sofort wieder in den Tiefen eines Motorraums verschwindet, und lassen uns von Michele zum Mittagessen fahren. Im unscheinbaren, aber exzellenten Fischrestaurant „I Sapori del Mare“ in der Via Goldoni kommen wir bei exzellentem „Branzino“ und Weißwein endlich dazu, über den neuen Job bei Tod's zu sprechen – und das Geheimnis von Mailands Eleganz.

Was macht eigentlich ein „Men's Collections Visionary“?
Die Idee für diese Rolle hatte Diego Della Valle, der Modeunternehmer und Besitzer von Tod's, der mich eingestellt hat. Er sagte: „Lass uns etwas Romantisches auf deine Visitenkarte schreiben!“ Und natürlich konnte ich nicht widerstehen. Er hat diesen

Nachdem uns Michele durch ein Labyrinth aus rot getünchten Warenhäusern und Großmärkten navigiert hat, deuteten wir die zahlreichen klassischen Mercedes in unterschiedlichen Stadien der Dekonstruktion als Zeichen, dass wir uns unserem Zielort näherten.

unstillbaren Hunger nach neuen Ideen und Dingen und hält damit den Geist der Marke am Leben. Für die Ausstellung von Tod's No_Code beim Salone del Mobile in diesem Frühjahr haben wir von Andrea Caputo eine Reihe temporärer Wohnstrukturen bauen lassen und Interviews mit unkonventionellen Unternehmern, Designern und Kreativen geführt – darunter übrigens auch Marcello Gandini, Chris Bangle und Mai Ikuzawa, die man in der Autowelt ja gut kennt. Für Tod's war es ziemlich experimentell, aber die Ausstellung wurde von den Besuchern und der Presse gefeiert. Nachdem ich mein ganzes Leben lang als Journalist gearbeitet habe, ist es etwas völlig Neues für mich.

Mailand ist heute der kreative Hotspot Europas. Wie hat sich die Stadt seit deiner Jugend verändert und was ist das Geheimnis von Mailands Erfolg?
Mailand war ja schon immer eines der großen kulturellen Zentren Europas. In jüngerer Zeit hat sicherlich die Expo eine wichtige Rolle in der Wiederbelebung der Stadt gespielt, aber auch die neuen Hochhausviertel an der Porta Nuova und die Fondazione Prada haben Mailand viel neue Energie verliehen. Zudem kommt dieses gewisse Feingefühl für Stil, das typisch für Mailand ist. Eigentlich ist es eine seltsame Metropole – alles ist grau, nicht übermäßig groß und sicherlich nicht so schön wie Rom, Florenz oder Venedig. Und doch hat Mailand diese stille Eleganz. Auch die Architektur der 1950er- und 1960er-Jahre ist hier sehr präsent. Während des Salone del Mobile kommen jedes Frühjahr unzählige Architekten, Designer, Journalisten und Studenten hierher und die Stadt explodiert förmlich vor lauter Kreativität. Gleichzeitig ist Mailand eine Stadt, die ihre Geheimnisse wahrt. Meistens sieht man nur vorgeschobene Ebenen und Fassaden. Doch wenn man weiter forscht, stößt man oft auf unglaubliche Welten, von denen niemand etwas ahnt – so wie dieses Restaurant, meine Garage oder die Werkstatt von Enrico. Es gibt hier wirklich immer und überall etwas Neues zu entdecken.

FERRARI TESTAROSSA

Die Hitze von Kapstadt und ein schwarzer Ferrari Testarossa

Wenn man sich auf etwas verlassen kann in Kapstadt, dann auf traumhafte Sonnenuntergänge. Es ist auch die einzige Zeit, an der man an einem heißen Sommertag einen schwarzen Ferrari Testarossa fahren kann. Um nach der besten Aussicht, die die Stadt zu bieten hat, zu suchen.

Text und Fotos: Mikey Snelgar

Es ist mitten am Nachmittag, als ich in meinem wenig aufregenden Golf 7 den Rhodes Drive hinunterfahre, aber zum Glück ist es nicht dieses gewöhnliche Auto, auf das ich heute mein Objektiv richten werde. Als ich von der Straße abbiege, sehe ich gerade noch, wie ein komplett schwarzer Ferrari Testarossa in eine Parklücke fährt, mit einem bekannten Gesicht hinterm Steuer. Ihm entsteigt Aaron, den Sie vielleicht noch aus unserer Reportage über den Porsche 996 GT3 RS kennen. Er ist nicht nur der Besitzer dieses Autos, sondern auch der Mann, der die Marke Deus in Südafrika eingeführt hat, was nicht zufällig unser heutiger Ausgangspunkt ist.

Das Deus Café in Hout Bay ist viel mehr als nur ein Ort, an dem man ein Croissant genießen und einen Kaffee trinken kann. „Wir haben die Marke Deus 2015 von Australien nach Südafrika gebracht und diesen Standort kurz vor Ausbruch der COVID-Pandemie 2019 eröffnet", erzählt mir Aaron, während wir durch die zahlreichen Räume des alten holländischen Gebäudes gehen. „Deus ist eine Lifestyle-Marke, die Motorräder, Autos, Surfen, Radfahren, Kunst und natürlich das Restaurant und die Bar, die Bäckerei und den Friseursalon hier in Hout Bay umfasst." Das Interieur ist eine eklektische Mischung aus Kunst, antiken Möbeln und Langstreckenmotorrädern, die dem Ort eine ausgesprochen coole und entspannte Atmosphäre verleihen und ihn zum perfekten Start- oder Zielpunkt für eine gute Ausfahrt machen.

„Wir veranstalten hier den Parking Lot d'Elegance, der normalerweise unter dem Motto eines bestimmten Landes oder Herstellers steht", sagt Aaron. „Wir können bis zu 30 Autos unterbringen, was eine wirklich nette Atmosphäre schafft, und wir bereiten auch ein spezielles Menü rund um die Veranstaltung vor – wir haben gerade einen fantastischen neuen Koch eingestellt, sodass unser Abendgeschäft durch die Decke gegangen ist!" So gern ich auch bleiben und bis zum Abend im Deus Café faulenzen würde, draußen wartet ein Testarossa und ein Sonnenuntergang, also schlage ich vor, dass wir uns auf den Weg machen. Mit Aaron im Testarossa vor uns, der das Sonnenlicht aufsaugt wie ein rollendes schwarzes Loch in Form eines Türstoppers, wundere ich mich, dass mein zehn Jahre alter Golf nicht sofort in den Schatten gestellt wird. Offenbar hat Aaron aber noch nicht richtig Gas gegeben, denn kaum haben wir die Abzweigung zum Ou Kaapse Weg und ein relativ gerades Stück Asphalt erreicht, wird der Ferrari vor mir immer kleiner – beeindruckend schnell, denke ich, für ein Auto, das auf die 40 zugeht. Als wir die Steenberg-Berge überqueren, halten wir auf einem staubigen Parkplatz an, um ein paar schöne Fotos zu machen.

Die Hitze ist zwar nicht ganz so brütend heiß wie an dem Tag, an dem wir den Porsche fotografiert haben, aber die stürmischen Winde machen schnell deutlich, dass der Besitz eines schwarzen Autos in Südafrika eine Herausforderung darstellt. Denn es stellt sich heraus, dass die frische Hochglanzpolitur Staub magnetisch anzieht und dem Ferrari schnell ein mattes Finish verleiht. Ich will mich aber nicht zu lange mit dem Lack aufhalten, denn der Anblick eines schwarzen Autos in Südafrika ist fast so überraschend wie der Testarossa selbst – typischerweise verwandeln dunklere Farbtöne den Innenraum unter der afrikanischen Sonne innerhalb weniger Minuten in einen mobilen Backofen. „Man muss sich seine Tage in der Tat aussuchen", lacht Aaron. „Die Klimaanlage ist großartig, aber sie kann nicht die komplette Hitze ableiten, daher fahre ich den Wagen nicht unbedingt im Hochsommer."

Auf unserem Weg durch Constantia halten wir an einer Ampel, wo ich ungläubig zuschauen muss, wie eine Gruppe von Radfahrern mit einem Schwarm von nach oben gereckten Daumen ankommt, um ihre Zustimmung zum Testarossa zu signalisieren. Das Auffälligste an diesem Tag ist, wie begeistert buchstäblich jeder, an dem wir vorbeikommen, vom Anblick des Ferrari zu sein scheint. Ähnlich wie bei Aarons GT3 RS hat es dieser Supersportwagen aus den 1980er-Jahren geschafft, mit dem Alter alle Hemmungen fallen zu lassen. Im krassen Gegensatz zu dem kühlen Empfang, den ein säuregelber Lamborghini Urus oder ein McLaren mit ungeklärten Besitzverhältnissen erfahren könnte, erntet der Ferrari auf unserer Fahrt durch Kapstadt überall ein Lächeln.

edisa™
CA 13502

Dieser herzliche Empfang scheint sich noch zu verstärken, als wir uns den farbenfrohen Straßen von Bo Kaap nähern. Hier wird eines der Mankos des Testarossa deutlich, denn wir merken schnell, dass dieser 1980er-Jahre-Ferrari nicht für die engen Straßen hinauf zum Aussichtsberg Signal Hill gebaut wurde. Während ich versuche, Aaron bei der Navigation durch das Labyrinth von Einbahnstraßen zu helfen, gibt er zu, dass der Testarossa nicht das am häufigsten bewegte Modell aus seiner Garage ist. „Ich fahre ihn einmal im Monat oder so. Von all meinen Autos ist er wahrscheinlich das furchteinflößendste, weil die Sicht nicht die beste ist und die Lenkung bei langsamer Fahrt sehr schwergängig ist. Es ist am mühsamsten, mit ihm aus der Garage zu rangieren, ein bisschen anstrengend für mich, aber auch am lohnendsten." In der Zwischenzeit hat die langsame Fahrt durch Bo Kaap den einheimischen Kindern reichlich Zeit gegeben, ihre BMX-Bande zusammenzutrommeln und sich um den Ferrari zu scharen. Diese Jugendliche strahlen beim Anblick des Testarossa ganz besonders und übernehmen schnell die Rolle einer Eskorte, die uns bis zur nächsten Hauptstraße begleitet.

Zurück auf dem Highway, und während die Sonne langsam in Richtung Meer versinkt, fahren wir nach Norden, in Richtung Blaauwberg und zu einer Postkartenansicht, die weltbekannt ist. Als der 180-Grad-V12 des Ferrari in den Galoppmodus übergeht, frage ich Aaron, wie er in den Besitz eines so makellosen Exemplars gekommen ist. „Ich habe ihn seit etwa fünf Jahren", erinnert

Ich habe ihn in einer Sammlung gesehen, und deren Besitzer wollte sich auf Porsche fokussieren, also habe ich drei Autos dafür eingetauscht! Einen 3.2 Carrera, einen 930 Turbo und ein Cabriolet aus der gleichen Epoche.

testarossa
F12 - TR WP

er sich. „Ich habe ihn in einer Sammlung gesehen, und deren Besitzer wollte sich auf Porsche fokussieren, also habe ich drei Autos dafür eingetauscht! Einen 3.2 Carrera, einen 930 Turbo und ein Cabriolet aus der gleichen Epoche. Ich hatte sie seinerzeit günstig erworben und da der Porsche-Hype gerade seinen Höhepunkt erreicht hatte, war das ein guter Deal für mich." Die Antwort auf die Frage, was Aaron überhaupt zum Testarossa hingezogen hat, hätte ich mir vermutlich denken können: „Ich bin 47, also genau aus der Zeit des Testarossa und des Countach. Als Kind hatte ich beide als Poster an der Wand, deshalb ist es ein Traum, den Testarossa heute zu besitzen – es ist der ikonische Ferrari der 1980er-Jahre."

Das tafelbergähnliche Heck des Testarossa lenkt mich fast vollständig von der anstehenden Aufgabe ab, als wir uns unserem Ziel nähern. Doch der Anblick dutzender geparkter Autos am Blaauwberg Beach holt mich in die Realität zurück – einen freien Blick auf den Tafelberg zu erhaschen, könnte sich schwieriger gestalten als erwartet. Zum Glück lenken Aarons Ortskenntnisse uns in die Richtung des perfekten Ortes – ein völlig leerer Parkplatz direkt am Wasser.

Während Schwärme von Kitesurfern im Wind hin- und herflattern und die Sonne beginnt, den Horizont zu küssen, genießen Aaron und ich eine Aussicht, die direkt von den Postern aus seinem Kinderzimmer stammen könnte. Manchmal passt ein Auto perfekt zu seiner Umgebung, und obwohl ich meine Zweifel an der Funktionalität des schwarzen Ferrari-Klassikers in der südafrikanischen Hitze hatte, lässt sich nicht leugnen, dass ein Testarossa am Meer bei Sonnenuntergang, egal wo auf der Welt, einfach verdammt gut aussieht.

BUGATTI TYPE 59

Unterwegs zur Villa d'Este in einem königlichen Bugatti Type 59

Einer der großen Stars des Concorso d'Eleganza Villa d'Este ist der Bugatti Type 59 aus dem Besitz des ehemaligen belgischen Königs Leopold III. Wir trafen das bemerkenswerte Auto und seinen Besitzer für einen letzten Probelauf in den Schweizer Alpen.

Text: Etienne Raynaud / Fotos: Rémi Dargegen

Wenn der nächste Concorso d'Eleganza Villa d'Este im Mai über die Bühne geht, wird dieser Bugatti definitiv einer der Top Acts sein. Denn es handelt sich um keinen Geringeren als den ersten von nur sechs Bugatti Grand-Prix-Rennwagen des Typs T59, der aufgrund seiner großen Rennerfolge, seiner außergewöhnlichen Geschichte und seines sehr guten Zustands als der Begehrenswerteste von allen gilt.

Der Vertreter der außergewöhnlichen Pearl Collection, die für ihre exquisite Sammlung Molsheimer Vollblüter bekannt ist, betont gegenüber *Classic Driver*: „Dieser Typ 59 Bugatti ist der einzige im Werk zum Sportwagen umgebaute Grand-Prix-Wagen. Er wurde unter anderem von René Dreyfus gefahren, einem Spitzenfahrer der Vorkriegszeit und ein Held des französischen Widerstands. Dieser faszinierende Wagen befindet sich in einem Zustand wie aus der Zeit gefallen, und ihn zu fahren ist natürlich etwas ganz Besonderes."

In der Tat markierte der Typ 59, der am 24. September 1933 beim Großen Preis von San Sebastián debütierte, um den erfolgsverwöhnten Alfa Romeo Tipo B Paroli zu bieten, die Spitze der Grand-Prix-Autoentwicklung von Bugatti. Er war sowohl ein technisches Wunderwerk als auch ein Design-Meisterwerk, mit seiner schlanken und flachen Karosserie und den für diesen Bugatti-Typ typischen Felgen mit Klavierdraht-Speichen. Der T59 war nicht nur elegant, er war auch sehr schnell. Angetrieben von einem aufgeladenen Reihenachtzylinder und ausgerüstet mit hochentwickelten Stoßdämpfern, war er, so der Pearl-Collection-Repäsentant, „im Vergleich zum T35 und T51 ein großer Schritt nach vorn. Weitaus geduckter, auch komfortabler und absolut fabelhaft zu fahren."

Während der Jahre 1934 und 1935 wurde dieser Type 59 mit dem 3,3-Liter-Triebwerk mit Motornummer 5 eingesetzt. Dreyfus fuhr ihn 1934 nach dem Ausfall der Alfas zum Sieg beim GP von Belgien in Spa und belegte im selben Jahr Platz drei beim GP von Monaco. Am Ende der Saison zog sich Ettore Bugatti aufgrund der immer stärker werdenden Konkurrenz aus Deutschland und Italien sowie schrumpfender Finanzreserven vom Grand-Prix-Sport zurück. Vier T59 wurden an englische Liebhaber verkauft, während der zuerst gebaute im Bugatti-Besitz blieb und zum Sportwagen umgebaut wurde. Dazu wurde zunächst der Kompressor demontiert und die Karosserie mit Motorrad-Kotflügeln, kleinen Windschutzscheiben, Scheinwerfern und zwei Türen straßentauglich gemacht. Weiter erhielt der Wagen zwecks Doppelpumpenschmierung einen im Heck untergebrachten Öltank und ein neues Viergang-Vollsynchrongetriebe mit Trockensumpfschmierung und Zentralschaltung.

Nun fast ein Zweisitzer, erhielt der T59 mit der Chassisnummer T57-57248 eine neue Identität. Während der Sportwagensaison 1937 gewann Bugatti nahezu alle Rennen, herausragend der Sieg am 21. Februar in Pau, wo Jean-Pierre Wimille die Talbots und Delahayes in die Schranken wies. Von den Mechanikern liebevoll „La Grand Mère" (Die Großmutter) genannt, gewann Wimille mit 57248 auch die letzte Ausgabe des erstmals 1928 ausgetragenen Grand Prix von Algerien. Am 18. Juli trat er beim Grand Prix de la Marne auf dem Kurs von Reims zum letzten Mal mit dem 59 an. Und gewann erneut, mit drei Minuten Vorsprung auf Albert Divo auf Talbot.

Am Ende der Saison 1937 erwarb der belgische König Leopold III., ein langjähriger und loyaler Bugatti-Kunde, das Auto. Ettore Bugatti war sehr stolz, diesen Wagen an eine solche Persönlichkeit übergeben zu können. Der Bugatti erhielt ein neues Farbkleid in Schwarz, die Lieblingsfarbe des Monarchen, ergänzt um einen gelben Streifen als Reminiszenz an die belgische Rennfarbe. Niemand weiß genau, wie der König diesen leistungsstarken Wagen nutzte, aber wahrscheinlich wurde er bei Kriegsbeginn eingelagert. Der König und seine Frau, Liliane Baels, wurden im Juni 1944 von den Deutschen nach Sachsen deportiert, nach dem Krieg ging die königliche Familie zunächst ins Exil in die Schweiz. Erst 1959 zog der Ex-Monarch in das Schloss Argenteuil in der Provinz Brabant-Wallonien um, mit dem Bugatti als Teil der Umzugsware. Zu dieser Zeit galt die Leidenschaft Leopolds für Sport-

wagen jedoch hauptsächlich Ferrari. Als Folge ging der Bugatti 1967 an Stéphane Falise aus Brüssel, der ihn zwanzig Jahre lang behielt. Falise liebte alles Originale, von seinem Le-Corbusier-Haus bis zu seinen französischen Sportwagen. Die Autos wurden nie poliert, ihre Dellen nie geglättet, und sie wurden vermutlich auch nie gefahren.

1989 verkaufte Falise den Bugatti an den amerikanischen Sammler Robert Rubin, bekannt dafür, seine Erwerbungen im Originalzustand zu behalten, sie nur mechanisch gründlich zu überholen. Als nächstes kam das Auto noch in den Besitz von Anthony Wang, ein weiterer Sammler historischer Ferrari, und des Belgiers Hubert Fabri, der aus Respekt vor der Vergangenheit die Karosserie ebenfalls nicht antastete.

Bald 90 Jahre nach dem Debüt in San Sebastián ist der Bugatti Type 59 jetzt Teil der erlesenen Pearl Collection, die bekanntlich viele Juwelen aus den Molsheimer Werkstätten beherbergt. Vom allerersten Bugatti von 1899 bis zum neuesten Chiron Super Sport. Glücklicherweise wird der 59er seine Kampfspuren behalten, wie uns sein glücklicher Verwalter bestätigt: „Unsere Priorität war es, den 83 Jahre alten Lack behutsam zu reparieren, denn wir wollten nicht, dass noch mehr abblättert. Dafür haben wir die deutsche Restauratorin Gundula Tutt engagiert, eine Spezialistin für Autolacke. Ziel war es, die patinierten, aber ‚gesunden' Lackbereiche zu erhalten und nur die Schadstellen auszubessern."

Die Besitzer der Pearl Collection sind davon überzeugt, dass Autos wie dieses in die Öffentlichkeit gehören. „Sie sind wichtige Meilensteine der Autogeschichte. Als Bewahrer haben wir die Verantwortung, sie der jüngeren Generation zu zeigen. Diese Autos gehören der Automobilindustrie und letztlich auch der Öffentlichkeit. Nach der Villa d'Este, wo es interessant sein wird, wie die Jury auf ein unrestauriertes Auto reagiert, wollen wir den Bugatti im August auf der Passione Engadina in der Schweiz zeigen." Zweifellos wird der Wagen am 21. und 22. Mai auf der Terrasse der Villa d'Este für Aufsehen sorgen, wenn sein mächtiger Achtzylindermotor wieder aufheulen wird.

Bald 90 Jahre nach dem Debüt in San Sebastián ist der Bugatti Type 59 jetzt Teil der erlesenen Pearl Collection, die bekanntlich viele Juwelen aus den Molsheimer Werkstätten beherbergt.

B

Nach der Villa d'Este, wo es interessant sein wird, wie die Jury auf ein unrestauriertes Auto reagiert, wollen wir den Bugatti im August auf der Passione Engadina in der Schweiz zeigen.

ARTHUR KAR

Die Grenzen im Sammlermarkt einreißen

Nach seinem Auftritt im Beitrag über die neue Generation von Händlern wollten wir tiefer in den Geist und den Showroom von Arthur Kar und L'Art de l'Automobile eintauchen – einem Pariser Paradies rund um Autos, Mode und – vor allem – Passion …

Text: James Bannister / Fotos: Mathieu Bonnevie

Was sind Ihre frühesten automobilen Erinnerungen?
Es fing alles in Beirut an, wo mein Vater eine Werkstatt hatte. Ich erinnere mich, wie er den ganzen Tag über an Sportwagen herumschraubte. Golf GTI, Pontiac Firebird, manchmal auch ein Porsche 911.

Wie haben Sie aus Ihrem Hobby einen Beruf gemacht?
Mir war immer klar, dass ich irgendetwas mit Autos machen wollte. Mein erster Job war in Paris, wo ich beim französischen Porsche-Importeur Sonauto als Lehrling anfing und danach fünf Jahre lang als Mechaniker tätig war. In dieser Zeit eignete ich mir mein Wissen über Autos an und lernte viel über ihre Geheimnisse. Dann wurde mir bewusst, dass mich auch der Handel mit Autos reizen würde und ich mein Inventar auf Basis meiner persönlichen Vorlieben auswählen wollte.

Wie würden Sie die klassische Autokultur in Paris beschreiben?
Es gibt sehr viele schöne Autos in Paris – mehr, als man beim Spazierengehen durch die Straßen erwarten würde. Doch in Frankeich ist es eher verpönt, Luxus oder Reichtum offen zur Schau zu stellen. Daher halten es viele Besitzer für zu riskant, ihre Klassiker für eine Fahrt aus der Garage zu holen. Doch wie gesagt: Hinter verschlossenen Türen gibt es einen großen Schatz an wunderbaren Fahrzeugen.

Was war der Hintergrund für Ihre Entscheidung, Ihren Händlerbetrieb um ein Modelabel zu erweitern? Oder anders gesagt, beides zusammenzufassen?
Ich fühlte mich immer schon von der Mode- und Kunstwelt angezogen und war bis zu einem gewissen Grad auch schon in ihr involviert. Mich überraschte es, dass zuvor niemand daran gedacht hatte, die automobile Kultur in eine andere kreative Form zu übersetzen. Daher entschied ich, mit meinem Wissen um die Autowelt und meinen Erfahrungen in der Modebranche eine Marke zu schaffen, die nicht nur Autos, sondern auch alle mit ihnen verbundenen Erinnerungen abdecken würde. Eine Reise, eine Werbetafel am Straßenrand, eine Tankstelle, der Geruch von Benzin oder Diesel, ja sogar eine Panne ...

Können Sie uns ein wenig mehr über die Philosophie hinter L'Art de L'Automobile sagen?
Es geht mehr um das Erlebnis mit und das Universum rund um das Auto als nur um das Auto an sich. Daher habe ich die Firma so genannt, zumal mein Vorname Arthur ist. Der Bau eines Autos ist für mich wie Kunst – er umfasst so viele Menschen ist ein so langer kreativer Prozess, wie ein Stück Kunst für einen Künstler. Daher besteht für mich prinzipiell kein Unterschied zwischen einem Mechaniker, einem Formel-1-Fahrer, einem Autohändler oder jemandem, der Autos wäscht – und genauso gibt es auch keinen Unterschied in der Begeisterung, die man für einen Golf GTI oder Ferrari F12 tdf empfinden kann. Es geht in allen Fällen um die Begeisterung für Autos, die uns so viel bedeuten und die eine so wichtige Rolle in unserer Gesellschaft spielen. Zugleich wuchs die Marke L'Art de L'Automobile durch die besondere Beziehung und das Vertrauen zu meinen Kunden. Und zwar bereits vor Gründung des Modelabels KAR.

Ihr Fahrzeugbestand ist bunt gemischt – spiegelt das Ihren eigenen Autogeschmack wider?
Absolut! Ich arbeite nur an Autos, die mir auch persönlich gefallen. Das war nicht immer so, doch durch harte Arbeit und Geduld habe ich es geschafft, eine Sammlung aufzubauen, die weitgehend meiner Persönlichkeit entspricht.

Gibt es bestimmte Kriterien, nach denen Sie Neuzugänge für Ihr Inventar auswählen?
Natürlich spielen persönliche Präferenzen hinein, aber auch ein vom Gesetz der Nachfrage bestimmter geschäftlicher Aspekt. Auch die Technik spielt eine große Rolle, daher prüfe ich jedes Auto erst einmal innen wie außen auf jeden möglichen Schwachpunkt hin ab.

Wie hat die Zeit, die Sie in Los Angeles verbracht haben, Ihr Geschäft beeinflusst?
In dieser Stadt hat die Autokultur einen großen Stellenwert im Lifestyle der Leute. Vielleicht mehr als irgendwo sonst. Die Tankstellen wurden von den besten Archi-

L'ART DE L'AUTOMOBILE
ESSENCE

GTI
L'ART DE L'AUTOMOBILE

Ich würde es sehr begrüßen, wenn mehr Menschen Zugang zu den attraktiveren und glamouröseren Facetten unserer Branche hätten, unabhängig von den finanziellen Möglichkeiten.

tekten aller Zeiten entworfen, an jeder Ecke stehen historische Autos und das Klima erlaubt es, jedes Auto zu jeder Zeit zu benutzen.

Was fahren Sie am Wochenende?
In Paris hängt das vom Wetter ab! Das reicht von einem Ferves Ranger bis zu einem 308 GTB oder 458 Speciale.

Ihnen liegt viel dran, die mit der Classic-Car-Szene verbundenen Stigmata loszuwerden – warum?
Weil es hier um viel mehr geht als nur um das Kaufen und Verkaufen von Autos. Es ist eine Welt voller wunderschöner Kreationen, die leider zu oft von verklemmten Händlern in Anzügen angeboten werden, die alles zu ernst nehmen und so weitere potenzielle Kunden abschrecken. Ich würde es sehr begrüßen, wenn mehr Menschen Zugang zu den attraktiveren und glamouröseren Facetten unserer Branche hätten, unabhängig von den finanziellen Möglichkeiten. Hier liegt auch die Aufgabe des Modelabels KAR: Menschen aus unterschiedlichen Bereichen für eine neue Leidenschaft zu gewinnen, die ich gern teile.

Sie gelten bereits als Teil einer neuen Händler-Generation. Wie wird sich die Branche Ihrer Einschätzung nach in Zukunft entwickeln?
Die Branche ist bereits sehr global aufgestellt, daher wird sich zunächst am Markt nicht viel ändern. Die größten Veränderungen könnten umweltpolitisch bedingt sein. Umweltschutz muss heute Priorität haben. Falls nicht, könnte das Design künftiger Autos und damit ihr Charakter leiden. Es sei denn, neue Akteure tauchen auf und schaffen es, beides zu kombinieren – eine frische neue Formensprache und umweltfreundliche Antriebe. Auf der anderen Seite wird es immer auch einen Markt für Klassik- und Luxusfahrzeuge geben. Eben wegen des künstlerischen Aspekts. Daher bin ich froh, dass ich dazu beitragen und mich auch persönlich für den Umweltschutz engagieren kann.

FIAT PANDA 4X4

Dieser Fiat Panda 4x4 in „Blu Pozzi“ ist ein maßgefertiges Meisterwerk

Mit einer Innenausstattung aus feinsten Turnbull & Asser-Stoffen, gefertigt vom legendären O'Rourke, verbindet dieser grandios exzentrische Fiat Panda 4x4 das Handwerk eines der weltbesten Autosattler mit jenem der Hemdenschneider der britischen Königsfamilie.

Text: Tim Hutton / Fotos: Tom Shaxson

„Ich liebe Fiat, diese Marke war immer Teil meines Lebens", verkündet der geheimnisvolle Instagram-Influencer „ChaussuresCowboy". Wenn man seine ausgezeichnete Sammlung studiert, wird klar, dass viel, sehr viel Benzin durch seine Adern pulsiert. Da parken ein Peugeot T16, ein Bristol Fighter, ein Bentley Blower, ein Singer, noch ein Panda 4x4, ein Clio Williams, diverse Land Rover und vieles mehr aus der Welt der motorisierten Fortbewegung. Aber es sind die Italiener in seinem Leben, die einen ganz besonderen Platz einnehmen.

„Fiat ist tief in meinem Herzen verwurzelt. Das war mein erster Job. Ich startete im Rahmen eines Jugendausbildungsprogramms im Alter von 16 Jahren bei einem Händler in Portsmouth. Ich verdiente 25 Pfund die Woche. An meinem ersten Arbeitstag im Jahr 1983 standen drei Autos im Showroom: ein X1/9, ein Uno – seinerzeit European Car of the Year – und ein Panda. Mein erstes eigenes Auto war ein 131 Mirafiori mit einem Interieur in orangefarbenem Velours."

Als wir plaudernd durch seine Garage schlendern, in der auch ein 275 in Pozzi Blue stehen, ein F12 TdF, ein 599 und ein Speciale Aperta, wird klar, dass irgendwann etwas Italienisches und Eigenwilliges in Pozzi Blue lackiert werden musste. „Ich bin seit neun Jahren ein nicht-exekutiver Direktor bei Turnbull & Asser und ein langjähriger Freund der Inhaberfamilie", erklärt er. „Als ich nach Maranello aufbrach, um meinen Aperta zu konfigurieren, war das Einzige was ich mitführte, ein blaues Seidentaschentuch mit roter Paspelierung von Turnbull & Asser. Das war die Grundlage des Autos und wir designten meinen TdF passend dazu."

Aber wie kommt man dann zu diesem kastigen blauen Italiener, der auf einer der feinsten Straßen in Londons noblem Viertel Mayfair parkt? „Ich entdeckte diese unglaublichen Stoffe, die für Hemden waren und wollte sie auch einsetzen. Ich hatte nicht den Nerv, meine eigenen Hemden aus diesen umwerfenden Vintage-Designs zu schneidern, aber für den Innenraum eines Autos kann man sie alle verarbeiten – und das haben wir dann gemacht!", lacht der Cowboy. „Dann fand ich das Missoni-Exemplar auf *Classic Driver* und überlegte: Wenn wir doch nur Turnbull & Asser auf die gleicher Art und Weise inszenieren könnten. Keine

Ich wollte immer, dass der Panda ein Zweisitzer mit Platz für meinen Hund ist oder auch als Sonderanfertigungs-Showcar für Turnbull & Asser dienen kann.

Frage, es war inspirierend, diese unglaublichen Pandas zu betrachten. Aber dieses Auto sollte britisch wirken, mit der Exzentrik des verrückten Interieurs, dem Kontrast zwischen zurückhaltend und ruhig außen und dem verrückten Humor innen. Das verkörpert den britischen Charakter."

„Entdeckt habe ich das Auto in Belgien. Es sollte ein Linkslenker sein, damit ich in Europa und beispielsweise bei Events wie dem *Classic Driver* Panda Meet vorfahren konnte. Es sollte zwar unrestauriert sein, eine grundsolide Basis haben. Das Exterieur sollte in Pozzi lackiert sein, dazu Avorio-Räder. Ich wollte immer, dass der Panda ein Zweisitzer mit Platz für meinen Hund ist oder auch als Sonderanfertigungs-Showcar für Turnbull & Asser dienen kann." Also: Sollen wir diese Kreation Panduar oder Jaguanda nennen? Antworten bitte per Postkarte!

Für viele sind die Experten von O'Rourke die besten im Business. Mit feinem Gespür und viel Verständnis restaurieren und erneuern sie einige der bedeutendsten Autos, die es gibt, und sind folglich über ein Jahr im Voraus ausgebucht. Der Meister selbst ist ein unglaubliches Energiebündel. Als er von dem Panda-

SHIRTMAKERS.
TURNBULL & ASSER LTD
TURNBULL & ASSER
SHIRTMAKERS
Est. 1885
HOSIERS & GLOVERS
E785 GLU

TURNBULL & ASSER LTD
TURNBULL ASSER

80
100
120
140

Insgesamt ist das Auto sechs Monate lang überarbeitet worden, einschließlich der Neulackierung.

Projekt hörte, bestand er darauf, dass niemand sonst Hand anlegen durfte. Ich habe mich mit dem Werkstatt-Manager AJ getroffen um zu verstehen, wo die Herausforderungen liegen, wenn man so ein Modell mit Stoffen trimmt, die eigentlich nicht für die Autoindustrie vorgesehen sind.

„Beim Stoff handelt es sich um ein Hemdentextil, das um einiges dünner ist, als das Material mit dem wir sonst arbeiten. Also mussten wir es auf der Rückseite verstärken und dann sicherstellen, dass die Muster bündig waren", erläutert er. „Für die Sitze verwendeten wir den charakteristischen horizontalen Cord von Turnbull & Asser, wegen der stärkeren Beanspruchung. Insgesamt verarbeiteten wir im Panda zwölf unterschiedliche Hemdenstoffe!"

Als besonders schwieriger Aspekt des Projekts erwies sich der schmal gestreifte Stoff für den Dachhimmel, der über die gesamte Fläche korrekt ausgerichtet werden musste. Insgesamt ist das Auto sechs Monate lang überarbeitet worden, einschließlich der Neulackierung. Davon brauchte allein O'Rourke vier bis sechs Wochen für den Innenraum.

„Es war unser erster Panda und es hat Spaß gemacht", sagt AJ. „Ein schlichtes Fahrzeug, das nicht vorgibt, etwas anderes sein zu wollen. Wir hatten alle Kosten im Blick. Aber das Design des Panda war eine große Hilfe bei der Gestaltung und Überarbeitung."

Die dunkelblaue Heckablage im E-Type-Stil mit Geheimfächern ist perfekt, um im Stil von Turnbull & Asser auf Tour zu gehen – und genau das ist der Plan. *Classic Driver* gebührte die Ehre, den Panda erstmals auszuführen. Wir steuerten die Jermyn Street an, Heimat der besten Shirtmaker, um den exquisiten, maßgeschneiderten Panda an seinen Besitzer auszuhändigen. Gleichzeitig nutzten wir die Gelegenheit, unsere ganz eigene Bespoke-Tailoring-Erfahrung zu machen. Mehr dazu später …

E785 GLU

Pozzi Blue mit einem kontrastierenden, bestickten Schriftzug in Azzurro Metallizzato. In dieser Welt des Kaufens per Klick ist es ein Hochgefühl, diese Spezialbehandlung erleben zu dürfen, im Schatten von Helden zu stehen und sich mit dem persönlichen Berater in die Farbkarten zu vertiefen.

Der sehr glückliche Besitzer plant, mit dem Panda Ende Februar zur ICE in St. Moritz zu fahren. Und seit wir höchstpersönlich die Auslieferung übernommen haben, flitzt der Gentleman-4x4 kreuz und quer durch London. Demnächst macht sich das Auto auf zu einer Weltreise, dazu gehört ein Auftritt für den Turnbull & Asser-Shop in New York und dann vielleicht nach Sun Valley zur Wintersportsaison. „Es erinnert ein wenig an den echten Pandabär, der von China aus die ganze Welt bereist, um schwanger zu werden", lacht der Cowboy, der unbedingt mit seinem jüngsten Sammlungsstück in Pozzi Blue losfahren will.

Als wir die Autoschlüssel überreichen, öffnen sich für uns die geheiligten Eingangstüren des Flagship Store, der US-Präsidenten erlebte, Winston Churchill, Prince Charles, James Bond und viele weitere Persönlichkeiten. Es war Lord Mountbatten, der den jungen Prince Charles zum Anfertigen eines Hemds in dieses Geschäft führte. Und das sollte zum Status des Hoflieferanten führen, auf den das Haus noch heute stolz ist.

Heute allerdings bin ich es, an dem Maß genommen wird für mein erstes Turnbull & Asser-Hemd. Es gibt natürlich nur eine Farbe, die in Frage kommt: Pozzi Blue mit einem kontrastierenden, gestickten Schriftzug in Azzurro Metallizzato. In dieser Welt des Kaufens per Klick ist es ein Hochgefühl, diese Spezialbehandlung erleben zu dürfen, im Schatten von Helden zu stehen und sich mit dem persönlichen Berater in die Farbkarten zu vertiefen. Bei der Manschette entscheide ich mich für die charakteristischen drei Knöpfe. Meine Maße werden notiert und nun heißt es, geduldig die sechs Wochen auszuharren, bis mein maßgeschneidertes Hemd fertig ist. In der Geschichte unserer Autowelt ist Autosattlerei nichts Bahnbrechendes. Aber wenn es richtig gemacht wird, dann ist es etwas unglaublich Besonderes. So, wie wir unsere Autos verwöhnen, sollten wir auch uns verwöhnen. Weniger Fast Fashion, mehr ausgewählte, hochwertige Stücke, die eine Geschichte zu erzählen haben. Aber lassen wir den Cowboy sprechen.

„Es gibt da etwas, was diese außergewöhnlichen Unternehmen miteinander verbindet. Mit einer echten Sonderanfertigung wird man nur noch von seiner eigenen Fantasie begrenzt. Es ist ein schönes, einmaliges Erlebnis. Ich wollte diese beiden Welten verbinden. Ich hoffe, Sie finden, dass wir dieses Ziel auch erreicht haben."

TURNBULL &
TURNBULL
& ASSER
SHIRTMAKERS
Est. 1885
BULL & ASSER

BAILLON COLLECTION

Sechzig vergessene Klassiker in französischem Schloss entdeckt

„Nie wieder, egal wo auf der Welt, wird nochmals ein vergleichbarer Schatz entdeckt werden“, ist sich Pierre Novikoff sicher. Der Automobilexperte des Auktionshauses Artcurial meint damit die Entdeckung einer atemberaubenden Sammlung von 60 Automobilen, die 50 Jahre in einer Scheune versteckt waren.

Text: Charis Whitcombe / Fotos: Rémi Dargegen

Eine Übertreibung? Als unser Fotograf Rémi Dargegen vom Fundort zurückkehrte, kam auch er aus dem Schwärmen nicht mehr heraus: „Unglaublich, einfach unglaublich. Dieser Platz ist einmalig. Was am meisten beeindruckt, ist die schiere Zahl an Autos, die in den Scheunen eingelagert wurden."

Alles begann mit dem Großvater der Familie, die gegenwärtig die Sammlung besitzt. In den 1950er-Jahren hatte er davon geträumt, das Erbe der Vorkriegsfahrzeuge in einer Art Museum zu bewahren. Sein Augenmerk lag auf den französischen Marken und den berühmten Karosserie-Werkstätten. Der Herr war ein Unternehmer mit einer Speditionsfirma im Westen Frankreichs – und zudem ein wahrhafter Enthusiast. Auf dem Pariser Autosalon zeigte er einmal sogar einen selbst entworfenen Roadster. Doch seine Träume platzten in den 1970er-Jahren, als sein Unternehmen kriselte und er gezwungen war, rund 50 seiner Automobile zu verkaufen. Der Rest seiner Sammlung blieb seitdem unberührt – bis zur kürzlichen Entdeckung.

Die Automobile waren auf seinem Grundstück in mehreren Nebengebäuden und behelfsmäßigen Wellblech-Schuppen untergebracht worden – unter den Kostbarkeiten finden sich große Marken wie Bugatti, Hispano-Suiza, Panhard & Levassor, Delahaye, Delage, Maserati und Ferrari. Zu den unfassbaren Fundstücken zählen auch einige Talbot-Lago T26, von denen einer, das sehr seltene Cabriolet Grand Sport Aérodynamique, einst im Besitz des ägyptischen Königs Faruk war. Aber es sind nicht nur die legendären Markennamen, die faszinieren, sondern auch ihre Formen, die einst von den berühmtesten Karosseriebauern ihrer Zeit wie Chapron, Million-Guiet und Saoutchik gestaltet wurden. In einer der Garagen des Fundortes schlummerte zum Beispiel ein Maserati A6G 2000 Berlinetta, einer von drei, die der Karosseur Frua 1956 geschaffen hatte. Und dann – unter einem Stapel Zeitungen – machte man eine weitere sensationelle Entdeckung ...

Dort fand sich ein Ferrari 250 SWB California Spider mit verkleideten Frontscheinwerfern, der ursprünglich dem Komiker Gérard Blain gehört hatte. Für die detektivische Recherche der Artcurial-Spezialisten hört die bemerkenswerte Geschichte des vermutlich letzten California-SWB-Fundes hier noch lange nicht auf. Denn Blain verkaufte diesen Ferrari einst an Alain Delon, der sich auch mehrmals am Steuer fotografieren ließ. Einmal, im Jahr 1964, war Jane Fonda während der Dreharbeiten zu „Les Félins" dabei seine Beifahrerin, einmal chauffierte der Beau mit seinem Ferrari niemand Geringeres als Shirley MacLaine an der Côte d'Azur.

Selbst die Ehefrau des ersten Sammlers wusste nicht, ob er den California Spider nun verkauft oder behalten hatte. Auch ihre Kinder ahnten nichts von dem Sportwagen, bis sie ihn vor einigen Monaten unter alten Zeitungen entdeckten. So ist es eigentlich nicht weiter erstaunlich, dass selbst Ferrari-Historikern der Verbleib dieses wunderbaren, von Pininfarina entworfenen Cabrios ein Rätsel war.

Was für eine Entdeckung! Man ahnt, welche Begeisterung diese Sensation in Sammlerkreisen auslösen wird. Auf den Bieter-Krimi muss man glücklicherweise nicht lange warten: Artcurial Motorcars wird den Ferrari 250 California SWB zusammen mit den anderen 59 Fundstücken im Rahmen der traditionellen Rétromobile-Auktion am 6. Februar 2015 in Paris unter den Hammer bringen.

Als Matthieu Lamoure, der Geschäftsführer von Artcurial, das einzigartige Scheunengold erstmals gezeigt wurde, war es für ihn „als würde Lord Carnarvon nochmals Tutanchamuns Grab betreten". Nach seiner Meinung hat es „seit der Enthüllung der Sammlung Schlumpf in Mülhausen keinen vergleichbaren Fund von Automobilikonen gegeben, vor allem in diesem Originalzustand. Die Magie dieser 60 geheimnisvollen mechanischen Kreaturen erinnert fast an ein riesiges Kunstwerk: der unerfüllt gebliebene Traum ihres Besitzers."

546 LV 79

267 CMP

34 FW79

Zu den unfassbaren Fundstücken zählen auch einige Talbot-Lago T26, von denen einer, das sehr seltene Cabriolet Grand Sport Aérodynamique, einst im Besitz des ägyptischen Königs Faruk war.

Was für eine Entdeckung!
Man ahnt, welche Begeisterung diese Sensation in Sammlerkreisen auslösen wird.

SPADA

Kann man Kreativität vererben? Ein Gespräch mit dem Spada-Clan

Wie der Vater, so der Sohn: Mit Sportwagen wie dem Aston Martin DB4 GT Zagato und dem Alfa TZ hat Ercole Spada Designgeschichte geschrieben. Heute entwirft er noch immer Autos – zusammen mit seinem Sohn Paolo. *Classic Driver* traf die beiden Designer in ihrem Studio in Turin.

Text und Fotos: Rémi Dargegen

Was ist Ihre früheste Erinnerung an Autos und Autofahren?

Ercole Spada: Als ich ein kleiner Junge war, hatte ich ein Auto-Union-Modell und dazu einige Zeitschriften, die sich mit dem Auto beschäftigten. Ich war fasziniert. In der Schule tauschten wir dann diese Magazine untereinander aus, weil nicht jeder sie sich leisten konnte. Ich machte Skizzen von jedem technischen Aspekt, der dort behandelt wurde. Seitdem sammle ich gern kleine Modelle.

Paolo Spada: Ich erinnere mich an das erste Mal in Monza. Lauda und Regazzoni waren in den berühmten Ferrari unterwegs, aber mein Lieblingsfahrer war Mario Andretti. Dann hat mich meine Großmutter zu einer Tombola mitgenommen, und wir haben ein Moped gewonnen. Das musste aber in der Garage bleiben. Als ich elf Jahre alt war, bin ich damit heimlich auf den Straßen in der Nähe meiner Großeltern unterwegs gewesen. Im selben Jahr brachte mir mein Vater das Autofahren bei: Ich saß auf seinem Schoß beim Lenken. Dann habe ich noch – ohne Führerschein – ein Fahrertraining in Monza absolviert.

Ercole, Ihr erstes Auto war der Aston Martin DB4 GT Zagato. Wie war das, für Zagato zu arbeiten?

Ercole: Die Atmosphäre in der Werkstatt hatte schon etwas ganz Eigenes. Während ich das Fahrzeug im Maßstab 1:1 auf einer großen Tafel entwarf, waren die Mitarbeiter hinter mir am Auto damit beschäftigt, meine Ideen und Änderungen sofort real umzusetzen. Es war ein angenehmer Arbeitsplatz, weil alle so enthusiastisch bei der Sache waren. Ich war der einzige Designer und genoss enorm viel Freiheit. Ich war bei der Herstellung der Karossen dabei und konnte dann direkt nachprüfen, welche Entscheidungen und Entwicklungen, wie beispielsweise bei unserem Coda Tronca, tatsächlich funktionierten und welche nicht.

Was macht den DB4 GTZ so außergewöhnlich?

Ercole: Zu Beginn war es für mich nur ein Auftrag, aber letztlich wurde er zu meinem absoluten Liebling. John Wyer, damals Rennleiter bei Aston Martin, wollte ein leichteres Auto, um die Ferrari 250 GTO zu schlagen. Ich versuchte also, die Karosserie so nah wie möglich um das Chassis zu formen – wie Haut, die über Knochen gespannt wird. Es war ein wundervolles Auto, sehr effizient, aber leider auch sehr teuer. Nummer 19 aus der Serie ließ sich die längste Zeit nicht verkaufen.

Sie sagten, dass Sie einige Aspekte des Rennwagens, vor allem im Bereich Aerodynamik, selbst optimieren wollten – wir denken an die Coda Tronca. Was genau ist das eigentlich, und war es für Ihren Stil prägend?

Ercole: Also, die Coda Tronca ist nicht meine Erfindung. In den 1930er-Jahren zeigten zwei deutsche Spezialisten für Luftwiderstand, dass ein Tropfen Wasser die perfekte Form hat. An einem Auto lässt sich das aber nicht realisieren, weil sonst die Heckpartie viel zu lang wäre. Aber die beiden Ingenieure bewiesen auch, dass man diesen Effekt auch dann erzielt, wenn man die auslaufende Tropfenform an einem bestimmten Punkt abschneidet. Das traute sich aber niemand, also wurden stattdessen Autos mit abgerundeten Heckpartien entworfen. Ich war einfach nur der erste, der diesen Schnitt in den Schweif wagte – was wir im Italienischen „Coda Tronca" nennen. Es sollte mein erfolgreichster aerodynamischer Versuch der 1960er-Jahre werden.

Anschließend haben Sie für BMW gearbeitet. Wie war der Unterschied zu Zagato?

Ercole: Es war völlig anders. Nicht zuletzt, weil wir ein richtiges Designstudio hatten und dazu mehr Zeit, mehr Möglichkeiten. Aber vor allem gab es einen Windkanal, um aerodynamische Ideen zu testen.

Was ist der Hauptunterschied zwischen Design in den 1960er-Jahren und heute?

Ercole: Damals wurde der Entwurf zunächst im Maßstab 1:10 und später 1:1 gefertigt. Heute gibt es weniger Zeit für Skizzen, weniger Einsatz von Bleistift und Papier. Man benutzt für Design 3D-Visualisierungen und bekommt ein virtuelles Bild von dem Fahrzeug, das sich auch sofort am Bildschirm ändern lässt. In den legendären 1960ern war alles möglich, jetzt wird vieles von Vorgaben und Kosten bestimmt.

In den legendären 1960ern war alles möglich, jetzt wird vieles von Vorgaben und Kosten bestimmt.

Auf welche Autos sind Sie besonders stolz?
Ercole: Natürlich auf den Aston Martin DB4 GT Zagato. Und den Alfa TZ, das ursprüngliche Coda-Tronca-Modell, den Lancia Fulvia Sport und die 5er- und 7er-Reihe von BMW.

Bezogen auf das Design, was ist Ihr absolutes Lieblingsauto?
Paolo: Auf jeden Fall der Brabham BT55 Olivetti, aber ich mag auch den Bugatti Atlantic und die BMW 7er-Reihe meines Vaters.
Ercole: Das Jaguar E-Type Coupé der ersten Serie.

Wer ist in Ihren Augen der beste Designer des 20. Jahrhunderts?
Paolo: Davide Arcangeli – er hat in den 1990er-Jahren die meisten Fahrzeuge von Pininfarina entworfen. Und Chris Bangle mit seiner BMW 5er-Reihe, wegen seiner Inspiration und seinem ausgeprägtem Sinn für Formen.
Ercole: Giorgetto Giugiaro, weil er sich an schwierige Projekte wagte und enorm hart arbeitete. Er hat nicht nur Luxusautos entworfen, sondern auch viele erfolgreiche Volumenmodelle.

Gibt es ein Auto, das Sie sich noch einmal vornehmen möchten?
Beide: Den Audi R8. Wir bereiten da gerade etwas vor.

Lässt sich Kreativität eigentlich vererben?
Ercole: In gewisser Weise, ja. Aber man muss Kinder immer noch in jungen Jahren an guten Geschmack, Materialien und Formen heranführen.
Paolo: Am Anfang war ich immer „der Sohn von ...". Deswegen bin ich nach Deutschland zu Smart und Mercedes-Benz mit Michael Mauer gegangen. Doch wie ich erwartet hatte, war es mir einfach unmöglich, länger in einem großen Unternehmen zu arbeiten. Also habe ich beschlossen, dass Spada eine eigene Marke, eine eigene Handschrift werden sollte.

Wie haben Sie das erreicht?
Paolo: Wir wussten, dass der Name Spada eine große Bedeutung besitzt, nicht zuletzt wegen des Coda Tronca. Also haben wir entschieden, eine neue Interpretation dieses Coda Tronca zu entwickeln. Als wir 2008 recherchierten, entdeckten wir, dass dieser Begriff nie patentiert worden war. Also haben wir das gemacht! Das Meisterwerk meines Vaters ist nun im Besitz unseres Designstudios. Wir haben unser Design auf einem Corvette-Chassis aufgebaut, weil es für unser Vorhaben die geeignete Grundlage bot: sportlich, leicht zu handeln, kraftvoll und mit der richtigen Architektur. Dieses Auto war die Verbindung zwischen unserer Tradition und der Gegenwart. Wir haben unser eigenes Designstudio gegründet, weil wir glauben, dass auch heute noch eine italienische Design- und Karosseriewerkstatt ihren Platz in der modernen Automobilindustrie behaupten kann. Wir haben sogar zwei Geschäftsfelder: Spada Concept beschäftigt sich mit vielen unterschiedlichen Designprojekten wie Helmen, Fahrrädern und Booten, während Spada Vetture Sport der Kreation von One-offs, den außergewöhnlichen Einzelfahrzeugen, gewidmet ist.

Wie beeinflussen die Spadas Automobildesign heute?
Paolo: Nun, wir haben unseren Codatronca 2008 vorgestellt. Schauen Sie sich die Front aller Lamborghini seit 2009 an – angefangen beim Estoque – und vergleichen Sie dieses Design mit der Frontpartie des neuen Codatronca von Spada, um zu sehen, was wir meinen.

Was sind Ihre zukünftigen Projekte?
Paolo: Wir wollen mit einer Evolution des Spada Codatronca Monza debütieren: Er soll ein Barchetta-Roadster sein, der sich für Track Days anbietet und noch anspruchsvoller als der Spider sein wird. Außerdem arbeiten wir noch an einigen Motorrädern wie einem Café Racer und einem weiteren, sehr extremen Bike auf der Basis von BMW oder Guzzi. Spada wird auch in Zukunft immer zu den ersten Adressen in Sachen Automobildesign gerechnet werden.

Also haben wir entschieden, eine neue Interpretation dieses Coda Tronca zu entwickeln. Als wir 2008 recherchierten, entdeckten wir, dass dieser Begriff nie patentiert worden war. Also haben wir das gemacht! Das Meisterwerk meines Vaters ist nun im Besitz unseres Designstudios.

C7

Wir wollen mit einer Evolution des Spada Codatronca Monza debütieren: Er soll ein Barchetta-Roadster sein, der sich für Track Days anbietet und noch anspruchsvoller als der Spider sein wird.

HING YEUNG

Petrolhead Hing Yeung lebt den kalifornischen Traum

Mächtig Staub aufwirbeln in der Wüste am Steuer eines imposanten schwarzen Jensen Interceptor: ein ganz normaler Tag im Leben des Designers und Creative Directors Hing Yeung in Long Beach. Wir besuchten ihn in Kalifornien, um seinen Traum selbst zu erleben.

Text: Alex Easthope / Fotos: Alex Lawrence

Hing Yeungs Geschichte ist ganz typisch für die Neubürger von Los Angeles: Der in Hongkong geborene und in den Niederlanden aufgewachsene Designer machte vor 20 Jahren Urlaub in Kalifornien und verliebte sich in den Sonnenstaat. Kurzerhand brach er in Europa die Zelte ab und startete ein neues, erfolgreiches Leben am Pazifik. „Ich war damals ziemlich naiv", erzählt Hing Yeung beim herzhaften Frühstück in einem Diner nicht weit von seinem Studio im Zentrum von Santa Ana. „Ich kündigte, packte eine Reisetasche und kaufte mir ein Flugticket. Ich hatte zwar ein paar Tausend Dollar dabei, aber keine Ahnung, dass man ein Visum benötigte, um in den USA zu arbeiten und sich länger aufzuhalten. Aber irgendwie habe ich das alles in den Griff bekommen und nie wieder auf mein altes Leben in Europa zurückgeblickt."

Yeung ist in erster Linie Schuhdesigner – schon vor seinem Umzug nach Kalifornien hatte er sich seinen Kindheitstraum erfüllt und sogar Aufträge von Adidas bekommen. Als frischgebackener Angeleno kurvte er zunächst auf seinem Skateboard durch Hollywood und zog immer wieder Aufträge von den früheren Kunden in Europa an Land. Dann erhielt er endlich sein Arbeitsvisum und entwickelte Entwürfe für Marken wie Puma, Reebok und vor allem für Vision Street Wear, die Kultmarke der Skater. Disruption, jene in der digitalen Welt so wichtig gewordene Strategie der Neugestaltung, beschreibt auch Yeungs Designphilosophie. So heißt sein Studio auch augenzwinkernd Hong Kong Stunt Team. Er hat es 2004 gegründet, nachdem er genug von der Zusammenarbeit mit Konzernen hatte. „Es gibt eine Regel: Wenn es allen gefällt, musst du etwas ändern, weil es zu vertraut geworden ist. Meine Firma heißt so, weil Stuntmen mit ihren Kunststücken verblüffen und Menschen somit zum Nachdenken bringen. Und wie man aus Filmen weiß, sind die Stuntmen aus Hongkong die krassesten Typen der Welt!"

Inzwischen zählen Volkswagen, Lego, Hot Wheels und Piloti zu Yeungs Kunden. Für Piloti hat er sogar ein umfassendes Redesign entwickelt und ließ sich bei der Neuausrichtung von den verschiedenen Facetten der modernen Autokultur inspirieren. „Als Piloti auf mich zukam, war ich von ihrem Konzept begeistert, weil sie echte Fahrerschuhe herstellten, die aussahen und sich so bequem tragen ließen wie Sneaker. Diese Grundidee habe ich sofort übernommen. Zunächst habe ich mich gefragt: Weshalb lieben Menschen Autos? Man liebt keine Waschmaschine,

Eines Tages, während der Mittagspause, spazierte ich auf der Old Compton Street und hörte etwas, das wie ein Dinosaurier brüllte. Ich blickte mich um und sah einen schwarzen Interceptor.

dafür aber Automobile und Schuhe. Also habe ich die beiden Welten kombiniert." Und das ist der perfekte Übergang zu dem bedrohlich wirkenden, schwarzen Jensen Interceptor III, der in Yeungs Studiogarage lauert. Dieser Raum ist eine typische Man Cave – ein Männerhöhle gespickt mit Schuhen und Grafiken and den Wänden, mit modernen und alten Möbeln, die in dem großen und luftigen Raum verteilt sind. Im Eingang des Studios nimmt eine BMW R 80 G/S als Yeungs Lieblingsmotorrad einen Ehrenplatz ein. „Bevor ich nach London zog, wusste ich gar nicht, dass es den Jensen Interceptor gibt. Ich war 25 Jahre alt und arbeitete in Soho. Eines Tages, während der Mittagspause, spazierte ich auf der Old Compton Street und hörte etwas, das wie ein Dinosaurier brüllte. Ich blickte mich um und sah einen schwarzen Interceptor." Yeung schwor sich, einen zu kaufen, sollte er je genug Geld verdienen. Und Jahre später tat er das auch. „Er erinnert mich an meine Londoner Zeit. Der Interceptor ist wie die dortigen Türsteher: Scharfer Anzug und freundliche Ansprache – aber wehe, du willst dich mit so einem anlegen."

Gesagt, getan. Denn als nächstes versuchen wir mit Yeung mitzuhalten, während er die kurvigen Canyonstraßen vorausprescht in Richtung seiner geliebten, wahren

HKST

Natürlich sind die anderen Verkehrsteilnehmer in ihren geradezu lächerlich großen SUVs und Pick-ups ziemlich verblüfft beim Anblick eines alten englischen Autos, das durch die Wüste tobt.

Heimat – der Wüste. Zu behaupten, dass die Angelenos gern ihre Zeit draußen verbringen, ist ein müdes Klischee. Aber Hing wirkt wirklich nie glücklicher, als in den Momenten auf einem seiner zwölf Motorräder beim Erkunden der Wildnis. Sei es in Baja oder in einem der mittlerweile über 25 Länder, die er auf zwei Rädern durchquert hat. Eigentlich kein Wunder, dass es ihm auch Offroader alter Schule angetan haben. Aktuell ist der Toyota Land Cruiser sein erklärter Liebling. „Vom Gesichtspunkt des Designs her mag ich zweckorientierte Fahrzeuge sehr. Erst habe gedacht, sie sind nur funktional, aber jetzt sind sie für mich badass – richtig wüst und böse."

Aber zurück zum eigentlichen Grund für den Ausflug: Ein Tanz auf dem Sand mit dem ultimativen Gentlemen's Express. Natürlich sind die anderen Verkehrsteilnehmer in ihren geradezu lächerlich großen SUVs und Pick-ups ziemlich verblüfft beim Anblick eines alten englischen Autos, das durch die Wüste tobt. Aber letztlich ist das hier Los Angeles, wo alles möglich und das Verrückte zuhause ist. Längst hat sich Yeung an die Eigenheiten gewöhnt, die dazugehören, wenn man einen Klassiker besitzt. Dabei ist sein Interceptor eine Augenweide – vor allem das cognacfarbene Interieur. Und der Jensen sieht tatsächlich richtig böse aus, wenn er versucht, seiner Staubschleppe zu entkommen. Nachdem ein örtlicher Wichtigtuer ihn zurechtgewiesen hat, kann Yeung nicht anders, als sein Meisterwerk zu signieren. Er schreibt „No Dust – No Glory" auf das eingestaubte Heck des schwarzen Dämons. Wenn so der amerikanische Traum aussieht, dann sind wir dabei!

California
HKST

Nachdem ein örtlicher Wichtigtuer ihn zurechtgewiesen hat, kann Yeung nicht anders, als sein Meisterwerk zu signieren.

HKST

ASTON MARTIN BULLDOG

Zurück auf Tempo 320 mit dem Aston Martin Bulldog

Vierzig Jahre nach seinem ersten Auftritt kehrt der Aston Martin Bulldog zurück. Wir haben uns mit seinem Erwecker Richard Gauntlett über die Bedeutung des 320 km/h schnellen Supersportwagens und den Designer William Towns unterhalten – und auch mit dem neuen Besitzer ein paar Worte gewechselt.

Text: Tim Hutton / Fotos: Amy Shore

Richard Gauntlett liegt die Marke Aston Martin im Blut. Sein Vater war Victor Gauntlett, von 1981 bis 1991 als Executive Chairman für das Schicksal von Aston Martin verantwortlich. Er rettete die wieder einmal kriselnde Traditionsmarke, die eine Schließung der Produktion erwog, um sich danach nur noch auf Servicearbeiten und Restaurierungen zu konzentrieren. Es ist verblüffend, dass in dieser Situation ein so ambitioniertes Automobil wie der Aston Martin Bulldog auf die Räder gestellt wurde. 1979 aufgebaut und im März 1980 offiziell vorgestellt, beeindruckte das nur 1,09 Meter hohen Mittelmotorcoupé mit Flügeltüren, scharfen Karosseriekanten und einer Batterie von fünf Scheinwerfern, die sich hinter einer absenkbaren Klappe verbargen. Im futuristischen Innenraum wurde das bereits aus dem Lagonda bekannte Konzept digitaler Instrumentierung weiterverfolgt.

Der extrem keilförmige Bulldog mit dem beachtlichen c_w-Wert von 0,34 wurde vom hauseigenen 5,3-Liter-V8-Motor angtrieben, der es mithilfe von zwei Turboladern – je nach Quelle – auf knapp 600 bis 700 PS brachte. Ende 1979 erreichte dieses Raumschiff auf Rädern auf dem englischen Testgelände MIRA in Nuneaton eine Höchstgeschwindigkeit von 309 km/h. Ein neuer Rekord – auch wenn er damit hinter der Werksangabe von 200 Meilen pro Stunde, also rund 320 km/h, zurückblieb. Nachdem das linksgelenkte Hypercar bis auf wenige Auftritte beim Goodwood Festival of Speed 2009 und zum 100. Geburtstag von Aston Martin im Jahr 2013 den Augen der Öffentlichkeit über 40 Jahre lang weitgehend verborgen geblieben war, lassen Richard Gauntlett und der neue Besitzer die Bulldogge nun komplett restaurieren. Erklärtes Ziel ist es, den Phoenix aus der Asche aufsteigen zu lassen und endlich die 200 Meilen zu erreichen, die er immer schon erreichen sollte.

Richard, schön dich wiederzusehen. Kann man den Aston Martin Bulldog als weltweit erstes Hypercar vorstellen?
Nun, wann spricht man von einem Hypercar? Wenn ein Supersportwagen im Vergleich zu allem, was sonst noch auf dem Markt erhältlich ist, ein neues Leistungsniveau erklimmt. Im Falle des Aston Martin Bulldog war das tatsächlich so. Ende des Jahres 1979 beschleunigte er in MIRA auf 309 km/h – und zwar mit zwei Personen an Bord. Das war damals unerreicht.

Das war eine phänomenale Leistung, verglichen mit anderen Supersportwagen jener Zeit.
Ja, damals holten Journalisten aus einem Lamborghini Countach vielleicht 275 km/h bis 290 km/h heraus. Und wenn man weiß, wieviel mehr Kraft man aufbringen muss, um von 275 km/h auf 310 km/h zu beschleunigen, dann war der Bulldog schon ein Quantensprung! Man darf nicht vergessen – das Projekt begann 1978 und war 1979 bereits abgeschlossen.

Das war ein ziemlich schneller Turnaround – von der Designfreigabe bis zu 309 km/h in zwölf Monaten! Noch ein paar Jahre zuvor war Aston Martin finanziell am Ende gewesen.
In der Tat! Ende 1974 war das Unternehmen in die Insolvenz gerutscht und das Werk hatte seine Tore geschlossen. Nur sechs Monate später ging es unter einem neuen Besitzer und als Aston Martin Lagonda Ltd. an den Neustart. Vor diesem Hintergrund war es faszinierend zu sehen, was mit dem Bulldog erreicht wurde. Und das Ergebnis war real, es wurde in MIRA zertifiziert!

Wenn man heute an Geschwindigkeitsrekordwagen denkt, dann handelt es sich meistens um Fahrzeuge mit speziellen Reifen, besonderen Treibstoffen und leistungsgesteigerten Motoren. Und hier wurden mit einem Beifahrer an Bord fast 310 km/h erreicht!

In der modernen Welt würden McLaren und Ferrari eine spezielle Sonderserie bauen und angeben, dass sie 30 oder 60 Kilo leichter wäre. Beim Aston Martin Bulldog muss man sicher mehr aufschlagen, sagen wir einmal 75 Kilo für das durchschnittliche Gewicht eines Erwachsenen. Ich habe die originale Pressemeldung aus dem Jahr 1980 gefunden. Sie betonte, dass Aston Martin den weltweit besten Supersportwagen bauen wolle, ohne jene Tugenden, die einem Aston Martin-Kunden wichtig sind, zu schmälern.

Ich nehme an, ein Kunde von Aston Martin erwartete damals luxuriösen Komfort in allen Modellen?
Nun, sie sagten nicht: „Wir bauen den weltweit schnellsten Straßensportwagen“ – obwohl der Aston Martin Bulldog das sicher war. Es hieß, und ich zitiere: „Wir bauen

133

Wir bauen den ultimativen Supersportwagen unter Berücksichtigung der Erwartungen unserer Kunden. Wir gehen keine Kompromisse bei Komfort und Klimatisierung ein und bieten auch dieses Auto inklusive eines halbes Dutzends toter Kühe und einer kompletten Stereoanlage an.

den ultimativen Supersportwagen unter Berücksichtigung der Erwartungen unserer Kunden. Wir gehen keine Kompromisse bei Komfort und Klimatisierung ein und bieten auch dieses Auto inklusive eines halbes Dutzends toter Kühe und einer kompletten Stereoanlage an.

Erzähl uns doch ein wenig vom Designer des Bulldog, dem 1993 verstorbenen William Towns. Er muss ein faszinierender Charakter gewesen sein – mit vielen großartigen und wegweisenden Ideen.
Wäre der Bulldog von Ferrari oder einem anderen Hersteller dieses Kalibers gebaut worden, hätte man von seinem Designer in ehrfurchtsvollen Worten gesprochen. Die Leute hätten geflüstert: „Oh ja, ich kann Sie dem legendären Mr. X vorstellen." Verstehen Sie, was ich meine? Die Leute hätten sich darum gerissen, mit dieser Person einen Plausch zu halten.

Das ist ein sehr guter Punkt. William Towns scheint heute fast vergessen.
Ja, niemand hat seine Leistungen jemals so gewürdigt, wie sie es verdient gehabt hätten. Sein erster wichtiger Entwurf war das Rover-BRM Coupé mit Gasturbine, das 1964 in Le Mans fuhr. Danach entwarf er für Aston Martin den DBS und den Lagonda. Gefolgt wurden diese 1976 von zwei Stadtflitzern namens Minissima und Microdot. Er war mehr als nur ein Autodesigner, sondern ein echter Industriegestalter, er zeichnete eigentlich alles. Doch wie bei einem großen Architekten galt seine Aufmerksamkeit nicht nur der Optik. Der Microdot war ein Dreisitzer mit zentralem Fahrersitz und Hybridantrieb – und das im Jahr 1976!

Auch der Aston Martin Bulldog verschwand aus der Öffentlichkeit. Was passierte nach dem ersten Hochgeschwindigkeitstest?
Sie wollten das Auto noch zum VW-Testgelände in Ehra-Lessien bringen, weil dort noch mehr Platz für Hochgeschwindigkeitsfahrten war als in MIRA. Auch wenn in der Pressemeldung die Rede von 190 Meilen pro Stunde war, glaubten sie alle daran, dass 200 Meilen pro Stunde möglich waren. Doch dazu kam es nicht mehr. Mein Vater Victor hatte die Firma im Januar 1981 übernommen. Und während noch immer viel über den Bulldog berichtet wurde, waren die Kosten für die angedachte Kleinserie von 15 bis 25 Fahrzeugen einfach viel zu hoch. Am Ende stand mein Vater vor der Entscheidung, sich entweder vom Bulldog oder von einer Reihe von Mitarbeitern trennen zu müssen. Man darf nicht vergessen, dass Aston Martin, als er den Job antrat, schon wieder in den Abgrund des finanziellen Ruins starrte.

Es muss eine Mammutaufgabe gewesen sein, in einer solchen Situation in eine Firma einzutreten und sofort so harte Entscheidungen treffen zu müssen.
Nun, ich denke am Ende war es eine einfache Entscheidung für ihn. Der Wagen wurde an einen saudischen Prinzen verkauft und stand dann in dessen Haus – gleich neben drei Offshore-Rennbooten. Es hatte sich herumgesprochen, dass mein Vater das Auto verkaufen wollte. Und der Prinz rief meinen Vater an und sagte: „Wenn ich das nächste Mal in England bin, komme ich für eine Stunde vorbei, um ihn mir anzugucken." Also holten sie das Auto hervor und machten es präsentationsfertig. Er fuhr dann einmal die Straße rauf und runter und entschloss sich auf der Stelle zum Kauf. Und bestand darauf, ihn auch gleich mitnehmen zu können. Dann verschwand er am Steuer des Bulldog, gefolgt von drei großen schwarzen SUVs, über die M1 in Richtung London.

Irre! Was muss das für ein Anblick gewesen sein – eine königliche Prozession!
Ja, aber er soll dann, wie mir erzählt wurde, auf der Autobahn bei vermutlich 270 km/h statt vom vierten in den fünften, in den dritten Gang geschaltet haben. Man kann sich vorstellen, welchen Schaden er damit anrichtete. So kam der Wagen zurück, was ihn nebenbei dazu brachte, die Farbe in Grün ändern zu wollen. Für mich verlor das Auto dadurch im Vergleich zur Original-Lackierung von William Towns sehr viel an Dramatik. Daher sind wir jetzt bei der Restaurierung auch zurück auf das ursprüngliche Farbschema in Silber und Hellgrau gegangen.

Nun ist es an der Zeit, den neuen Besitzer des Autos vorzustellen – den eklektischen US-Sammler Phillip Sarofim, der auch schon den Lancia Stratos Zero besitzt und uns als perfekter Käufer für diesen wichtigen Supersportwagen erscheint. Wir sprechen Phillip am Telefon.

Phillipp, herzlichen Glückwunsch! Wann hast du zum ersten Mal vom Aston Martin Bulldog erfahren?
Schon als Kind! Unsere Familie verbrachte immer viel Zeit in London und ich war fasziniert von der großen Handwerkskunst und dem Stil von Herstellern wie Rolls-Royce, Bentley und Aston Martin. Sie alle verkörperten diese kompromisslose und typisch britische Qualität. Ich habe immer schon Autos aus dieser Zeit geliebt. Die turbulente Geschichte von Aston Martin mit ihrem schnellen Wechsel von Glanz und Elend schien mir wie geschaffen für eine wahre Underdog Story – mit dem Bulldog als Höhepunkt: Er war die Fantasie eines großartigen Designers, geschaffen ohne Kompromisse als Skulptur aus Metall.

Er scheint wirklich nicht von dieser Welt. Man kann nur erahnen, was die Leute empfunden haben, die ihn damals live gesehen haben. Wie wichtig ist es für dich, den Bulldog zurück auf die Straße zu bringen, um dann endlich die magische 320-km/h-Marke zu erreichen?
Eine Konzeptstudie ist oft genau das – ein Konzept. Die Leute unterschätzen oft die große Kluft zwischen den Entwürfen eines Designers und einem wirklich straßentauglichen, lebenden und atmenden Automobil. Zu jener Zeit gab es viele dramatische

Ich habe als Kind zum ersten Mal vom Aston Martin Bulldog gehört. Unsere Familie verbrachte immer viel Zeit in London und ich war schon als Kind fasziniert von der großen Handwerkskunst und dem Stil von Herstellern wie Rolls-Royce, Bentley und Aston Martin.

BULLDOG

Studien – doch nur zu selten wurde daraus auch ein Serienmodell. Es liegt eine bittere Ironie darin, dass Autos wie der Lancia Stratos Zero und der Aston Martin Bulldog derart verehrt wurden, dass sie meist sofort ins Museum wanderten. Wo sie dann ihr großes Potential nicht abrufen konnten. Daher denke ich, dass man solche Autos zurück auf die Straße bringen sollte – als Anerkennung für die harte Arbeit und das Herzblut, das in sie geflossen ist. Und als Würdigung für die Leistungen dieser Weltklasse-Designer und Ingenieure.

Richard, es scheint, Phillip und der Aston Martin Bulldog sind das perfekte Paar, oder?
Ja, es ist großartig, Phillip an Bord zu haben. Er ist fest davon überzeugt, dass solche Autos dazu da sein sollten, die Menschen zu erfreuen. Wäre es nicht eine schöne Vorstellung, wie heutige Kinder den Bulldog in Aktion erleben und hören und sich von ihm inspiriert fühlen, selbst etwas so Unglaubliches zu entwerfen? Diese Idee hat etwas sehr Reizvolles für mich – sie ist auch ein wundervolles Mantra fürs Leben und ich ziehe dafür meinen Hut vor Phillip.

Eine letzte Frage: Wer arbeitet jetzt an dem Auto?
Die Spezialisten von Classic Motor Cars in Shropshire sind mit dem Projekt beauftragt. Nigel Woodward und seine fantastische Truppe haben sich auch von den Widrigkeiten der Pandemie nicht unterkriegen lassen. Alle Herausforderungen, die ihnen das Auto stellt, meistern sie mit großem Know-How und sehr viel Akribie. Bis zur kompletten Fertigstellung werden voraussichtlich 12 Monate verstreichen.

Gentlemen, vielen Dank, dass Ihr euch die Zeit für dieses Gespräch über den Aston Martin Bulldog genommen habt. *Classic Driver* kann es kaum erwarten, das Ergebnis Eurer harten Arbeit und Leidenschaft zu sehen!

INTERVIEW

25 Jahre *Classic Driver* – wie alles begann

Vor 25 Jahren gründete Alexander Knapp Voith die Online-Plattform *Classic Driver*. Im Gespräch blickt der Unternehmer zurück auf 40 Jahre im Luxusautomobil-Segment mit allen Höhen, Tiefen – und immer neuen Ideen.

Text: Jan Baedeker / Fotos: Christina Knapp Voith / Jörg Hempel

***Classic Driver* feiert 2023 seinen 25. Geburtstag – doch die Geschichte beginnt schon früher. Bereits 1983 haben Sie in Hamburg die Firma Car & Driver gegründet, die in den folgenden Jahren unzählige Autos individualisiert hat. Wie kam es dazu?**
Bei einem Besuch auf Einladung eines Freundes in Los Angeles entdeckte ich einen Laden namens Beverly Hills Motoring Accessories. Per Versand konnte man dort für seinen Mercedes-Benz all das bestellen, was man in Amerika ansonsten nicht bekam – deutsche Scheinwerfer, deutsche Stoßstangen, Koni-Fahrwerke und so weiter. So kam ich auf die Idee, das Prinzip umzukehren und in Deutschland genau jene Teile anzubieten, die nur für den amerikanischen Markt produziert wurden – also besonders große Stoßstangen, Leuchten etc. Mit Ralph Engel – dem Mitbegründer der Hamburger Styling Garage, der seine Anteile gerade an Chris Hahn verkauft hatte und auch in Los Angeles dabei gewesen war – begann ich gerade, das Geschäft aufzubauen, als sich sein ehemaliger Kunde Abdulla Balubaid aus Saudi Arabien bei ihm meldete und frage, ob man ihm nicht noch einen besonderen Mercedes bauen könne. Also entwickelten wir zehn Moodboards – mit gelbem Holz, Kaninchenfell, was eben damals angesagt war. Per Telex erhielten wir kurz darauf die Nachricht von Abdulla Balubaid, er wolle für die zehn Farbvorschläge und Collagen jeweils ein Auto bestellen. Aus diesen ersten zehn Mercedes wurden insgesamt etwa 1.000 Autos, die wir bei Car & Driver in den nächsten zehn Jahren handelten und individualisierten.

Was stellten Sie mit diesen Autos an?
Das reichte von kleinen Änderungen bis hin zu aufwendigsten Umbauten. Manche Kunden wünschten sich für ihren Mercedes W126 den Kühlergrill eines Mercedes 600 in Gold. Die arabischen Kunden wünschten sich vor allem „Candy Colours", die in der Wüste besonders wirkten. Die Autos konnten gar nicht farbig genug sein – und alle Chromteile wurden vergoldet. Während andere Tuner noch normales Velours verwendeten, kamen bei uns erstmals gefärbte Kaninchenfelle und französische Polsterstoffe zum Einsatz. Marmorfußböden und verspiegelte Decken wurden ebenfalls gern bestellt. 95 Prozent der Autos, die wir umbauten, waren Mercedes-Benz. Dazwischen gab es den ein oder anderen Range Rover – insgesamt haben wir bestimmt 50 bis 60 dieser Geländewagen zu Cabriolets und ähnlichen Versionen umgebaut.

Wie liefen die Umbaurbeiten konkret ab und woher bekamen Sie all die Autos?
Unser Verbrauch von Mercedes-Benz S-Klassen war immens. Manchmal kauften wir Gebrauchtwagen mit 30 Prozent Preisaufschlag, nur um mit den Umbauten nachzukommen. Unser Rekord war es, um sieben Uhr morgens eine brandneue S-Klasse im Werk in Sindelfingen abzuholen, um 12 Uhr in Hamburg in die Werkstatt zu fahren und das Auto – das gerade mühsam gebaut worden war – abends um sechs bereits komplett zerlegt zum Lackierer zu bringen. Manchmal musste ich mit dem VW-Transporter nach Hause fahren, weil mir das Team in der Werkstatt den Mercedes entwendet hatte, um ihn für einen ungeduldigen Kunden umzubauen. Das Geschäft brummte. Wir hatten Mitarbeiter, die nur die Autos im ganzen Land einsammelten, und andere, die nur die Schecks einlösten und das Geld zur Bank transportierten.

Was war ihre wildeste Kreation?
Ich hatte damals ein schwarzes Designertelefon, das ungeheuer schick aussah, an dem man sich aber immer die Finger geklemmt hat. Einmal klingelte es und ein Kunde aus dem Mittleren Osten teilte mir mit, er habe in der Nacht zuvor von einem Range Rover Cabriolet geträumt – und möge nun bitte ein solches Automobil für sein Haus auf den Bahamas, koste es, was es wolle. Also entfernten wir das Dach, lackierten das Auto in den Farben „Candy Apple" und Weiß, verchromten alle Zierteile außen und vergoldeten alle Metallteile im Innenraum. Auf dem goldenen Schalthebel setzten wir aus Diamanten die Initialen des Kunden ein – der vor Freude fast in Tränen ausbrach, als er das Auto zum ersten Mal sah. Wild waren auch die Mercedes W126, die wir so umbauten, dass sie innen und außen aussahen wie ein Aston Martin Lagonda. Die Kunden aus Saudi-

Arabien hätten sich problemlos das Original kaufen können – doch die Technik von Mercedes schien ihnen einfach zuverlässiger zu sein. Mitte der 1980er-Jahre wurden wir für eine Woche nach Jedda eingeladen und da verstanden wir: Das Geld sprudelte sprichwörtlich aus dem Boden. Doch es gab keine Musik, kein Kino, Männer und Frauen waren stets getrennt. Die einzigen weltlichen Freuden, die man sich von seinen Petro-Dollars leisten konnte, waren die Jagd und das abendliche Autofahren.

Gab es besondere „Gadgets", die sich die Kunden wünschten?
Die beliebtesten technischen Ergänzungen waren Atari-Konsolen, auf denen bis zu drei Passagiere während der Fahrt gegeneinander spielen konnten. Wir bestellten dann einfach ein englisches Armaturenbrett, sägten es in der Mitte durch, integrierten den Bildschirm für den Beifahrer rechts im Armaturengehäuse und fügten es ein. Im Fond wurden ebenfalls zwei Bildschirme installiert. Dann kamen irgendwann die ersten kleinen Sony-Fernseher. Auch die Entwickler von Blaupunkt sahen sich an, was wir da trieben.

Wie entwickelte sich der automobile Zeitgeist weiter?
Die Tuning-Kultur war Ende der 1970er-Jahre von England aus nach Deutschland gekommen. Zusammen mit Duchatelet und ähnlichen Tunern waren wir sozusagen der „Rattenschwanz" dieser Entwicklung. Auch AMG und Brabus feierten damals ihre ersten großen Erfolge, waren aber bei weitem noch nicht so professionell wie heute. Den ganz großen Boom erlebten wir bis 1987, dann ließ das Interesse an dieser Art von Autos nach. Auch der TÜV begann sich langsam für Umbauten zu interessieren. Die wilden Zeiten waren vorbei, der Autogeschmack wurde konservativer. Vor allem im hanseatischen Hamburg war ein Auto, dass nicht schwarz war, sondern dunkelgrün, schon ein Statement.

Wie ging es nach dem Ende der „Tuningjahre" mit Car & Driver weiter?
1991 eröffnete ich am Friedrich-Ebert-Damm in Hamburg unter dem Namen Car & Driver ein Autohaus für Aston Martin, Bentley und Rolls-Royce. Basierend auf den Erfahrungen aus den Achtzigerjahren boten wir sogenannte „Package Deals" an – wer etwa bei uns einen Aston Martin, einen Bentley und einen Range Rover in Cumberland Grey und mit cognacfarbenem Leder bestellte, bekam von uns noch den passend lackierten und gelederten Mini dazu geschenkt. Wir hatten 60 Mitarbeiter, betrieben eine große Werkstatt und eine eigene Polsterei mit zehn Spezialisten, hatten immer alle 25 verfügbaren Connolly-Lederfarben für bis zu zehn Autos auf Lager. Für die Limousinen von Bentley fertigten wir farblich passend gelederte Kühlschränke, Fernseher, bessere Rückspiegel mit Heizung, die zunächst vor allem von anderen Bentley-Händlern bestellt wurden, bis das Werk selbst schließlich auch mit diesen Dienstleistungen anfing.

So ganz konnten Sie aber nicht von den Umbauten lassen, oder?
Mit dem Aston Martin Virage hatten wir Probleme, weil er zu langsam war und sich mit seinen vorsintflutlichen 16-Zoll-Felgen nur schleppend verkaufte. Eines Morgens hatten die Herren in der Werkstatt nichts zu tun. Ich versprach den Mechanikern ein Abendessen, wenn es ihnen gelänge, einen unserer Virage um 150 Kilogramm zu erleichtern. Wir tauschten die Sitze, Türpappen, Stoßstangen und ähnliche Teile aus – und nach drei Tagen brachte unser „Virage Lightweight" tatsächlich 150 Kilo weniger auf die Waage. Als nächstes erhielt der Wagen bei Aston Martin Works einen neuen Motor mit 500 PS, ein anständiges Fahrwerk, eine große Bremse – und war 1992 in Goodwood sogar schneller als der neu erschienene Vantage!

Nicht nur der Service bei Car & Driver war ungewöhnlich, sondern auch das Gebäude selbst.
Autohäuser sahen damals alle gleich aus: Flachbauten, weiße Kacheln, ein kettenrauchender Verkäufer. Das wollte ich nicht – und beauftragte den jungen Hamburger Architekten Hadi Teherani mit dem Entwurf und der Umsetzung eines 10.000-Quadratmeter-Showrooms mit Holzfußboden, schwarzem Granit, viel Glas und großen Wasserbecken vor der Tür. Es war Teheranis erstes Bauprojekt, bald darauf wurde er weltbekannt. Selbst die *Frankfurter Allgemeine Zeitung* und die *Zeit* schrieben über uns. Man konnte immer ganz schnell erkennen, wer vor unserer Tür stand: Die Architekturstudenten sahen nach oben zur Dachkonstruktion, die Kunden nach unten zu den Autos.

Realisierten Sie den Bau im Alleingang oder mit Unterstützung der Marken?
Zum Beginn der Bauarbeiten hatte ich weder die Vertetung von Aston Martin, noch die von Bentley und Rolls-Royce. Zu diesem Zeitpunkt konnte man in Deutschland nur bei Merz & Pabst in Stuttgart einen neuen Aston Martin bestellen – der verkaufte vielleicht drei Autos im Jahr. Als das Gebäude stand, gewährte uns Aston Martin die offizielle Vertretung – und mit einem Schlag waren wir der größte Abnehmer von Ersatzteilen des Werks. Bei Bentley sah die Sache ähnlich aus, die neuen Modelle konnte man nur bei Auto Becker in Düsseldorf und bei Auto König in München bestellen. Car & Driver war in Deutschland die Nummer Drei. Als wir 1991 anfingen, wurden etwa 3.000 Bentley und Rolls-Royce im Jahr gebaut. Dann kam die Ölkrise, und die

Produktion brach um die Hälfte ein. Das machte das Geschäft für uns natürlich schwierig, obwohl ein neuer Bentley rund 400.000 Deutsche Mark kostete und wir pro Auto rund 25 Prozent Kommission verdienten. Die wenigen gebauten Autos wurden den wichtigsten Ländern zugeteilt, sodass viele Autos über Deutschland direkt an stärker reglementierte Märkte wie Japan verschifft und nach einem halben Jahr „offiziell" weiterverkauft wurden. Man kann sich das heute fast gar nicht mehr vorstellen.

Wie kam es von Car & Driver zu *Classic Driver*?

Mit der Zeit gingen die Provisionen immer mehr zurück. Zudem verlangten die Hersteller langsam nach Verkaufsräumen, die mit der visuellen Identität der Marken konform waren. Unseren riesigen Glas-Showroom konnte man aber nicht einfach in kleine Markenwelten mit unterschiedlichen Farben und Materialien unterteilen. Die großzügige Wirkung des Gebäudes wäre dahin gewesen. Die Abhängigkeit von den Marken wurde mir einfach zu groß. Auch die vielen Inzahlungsnahmen drückten immer mehr auf den Cashflow. Also schloss ich 1997 das Autohaus und sah mich nach einem neuen Projekt um. Bei einem Abendessen im Herbst erklärte mir mein Schwager Jonas Blonder, der damals bei AOL Deutschland arbeitete, das Internet sei die Zukunft. Ich war begeistert von den Möglichkeiten, blieb die ganze Nacht wach und sicherte mir über 100 Internetadressen – *Classic Car, Classic Boat, Classic Life* und auch *Classic Driver*. Meine Idee war es, eine Shoppingplattform für Luxusautomobile zu entwickeln – und zwar unter Beteiligung der Händler und Hersteller. Zusammen mit Nico Graber, dem ersten Mitarbeiter von *Classic Driver*, machte ich mich auf die Suche nach einer Agentur, die uns eine Internetseite bauen konnte. Für die großen Player der Branche wie Kabel New Media waren wir allerdings zu klein, also beteiligte ich mich an einer Entwicklungsfirma namens SolveIT, die fortan die erste Website von *Classic Driver* programmierte.

***Classic Driver* ging zu Hochzeiten der „New Economy" online, die „neuen Medien" waren in aller Munde. Wie einfach war es, Ihre Vision in dieser Goldgräberstimmung umzusetzen?**

Classic Driver startete am 16. Februar 1998 als Online-Marktplatz für besondere Automobile – und zwar gleich mit internationaler Ausrichtung in vier Sprachen. Händler wie Hersteller konnten ihre Automobile einstellen, ihr Angebot über *Classic Driver* mit allen anderen Börsen synchronisieren und somit flächendeckend zum Verkauf anbieten. Doch wir waren der Zeit offensichtlich etwas voraus und kaum ein Händler oder Hersteller von Luxusautomobilen verstand, was wir vorhatten. In Deutschland gab es Yahoo und AOL, von einer Suchmaschine namens Google hatte noch nie jemand etwas gehört. Vor allem die Marken wehrte sich mit Händen und Füßen gegen die Transparenz und Durchlässigkeit der „neuen Medien". Wenn man ehrlich ist, hat es fast 20 Jahre gedauert, bis die Luxusindustrie das Internet wirklich als Medium und Verkaufskanal akzeptiert hat. Auch große Printverlage wie Springer hatten lange Sorge, durch Online-Marktplätze das eigene Inseratsgeschäft zu kannibalisieren. Nur so konnten Firmen wie Mobile und Autoscout überhaupt so mächtig werden. Erst Mathias Döpfner hat den Trend bei Springer erkannt und auf E-Commerce gesetzt. Aber das ist eine andere Geschichte.

Wie sah die Akzeptanz seitens der Händler aus?

Zunächst nicht viel besser. Dabei konnten die Händler nun endlich all jene in Zahlung genommenen Autos, auf denen sie oft sitzenblieben, einem globalen Publikum anbieten. Zuvor hätte ein Käufer auf der Suche nach einem grauen Porsche 911 mit grünem Leder ja hunderte Lokalzeitungen durchforsten müssen. Es dauerte zudem sehr lange, bis die Händler verstanden, wie wichtig im Internet gute Bilder waren – sie hatten schließlich Jahrzehnte lang kleine Textinserate in Zeitungen geschaltet. Wir berieten die Händler in den ersten Jahren sogar noch, welchen Computer und welches Modem sie kaufen sollten, um ihre Autos überhaupt ins Netz zu bringen. Zum Vertragsabschluss erhielten Sie von uns auch ein „Starter Kit" mit einer Digitalkamera. Ich erinnere mich noch, wie ich dem Londoner Aston-Martin-Händler Nicholas Mee an einem Freitagabend seine Kamera in die Hand drückte. Er sah mich an, lachte, holte eine Flasche Champagner aus dem Kühlschrank und sagte: "Alexander, this is never going to happen!" Heute bewirbt er seine Autos bei *Classic Driver* mit hochprofessionellen Fotos und Videos. Unser erster Kunde war übrigens Heiner Tamsen. Ihm war es zuvor auch gelungen, die wichtigsten sechs Luxusautomarken unter einem Dach zu vereinen. Er hat schon früh verstanden, wohin die Reise ging.

Wie hat sich *Classic Driver* in den kommenden Jahren weiter entwickelt?

Um uns von den anderen Marktplätzen abzusetzen, gründete ich schon bald eine Redaktion und führte ein journalistisches „Webzine" und einen Newsletter ein. Aus dieser Kombination von Artikeln, die Lust auf besondere Automobile machten, und den passenden Inseraten entwickelte sich die Marke *Classic Driver*, wie sie bis heute besteht. Über die Jahre haben wir das Magazin entsprechend der Lesegewohnheiten im Internet weiter entwickelt – die Texte wurden kürzer und prägnanter, die Fotos besser und bildschirmfüllend. Als wir 1998 anfingen, waren die Bilder ja nicht viel größer als eine Briefmarke und je nach Internetverbindung dauerte es ewig, bis sie sich öffnen ließen – von Videos ganz zu schweigen. 2001 kamen Dependencen in London und Paris dazu. Heute sind wir mit unserer Website, den Social-Media-Kanälen, mit Büchern, Events, Markenkooperationen, dem CD Shop und unserer Kreativagentur CD Works so breit aufgestellt wie nie.

Parallel zu Car & Driver und *Classic Driver* veränderte sich auch die Automobilkultur dramatisch.
In den 1980er-Jahren, als ich mit Car & Driver anfing, standen die meisten kleinen Automarken wie DeTomaso, Lamborghini oder Maserati stets mit einem Bein über dem Abgrund. Die Industrie hat sich seitdem enorm stabilisiert und professionalisiert. Allein was Ferdinand Piëch mit seiner Plattformstrategie bei Volkswagen gelungen ist, ist unglaublich. Dass die Modelle von Audi, Porsche, Bentley und Lamborghini einmal alle auf demselben Baukastenmodul von VW basieren und sich nur durch die Motorisierung und das Design voneinander unterscheiden würden, das hätte man sich Anfang der 1980er-Jahre nicht vorstellen können. Einige letzte „Dinosaurier" der alten Zeit wie etwa der Bentley Mulsanne existieren ja noch heute – aber ihre Tage sind gezählt. Auch der Wunsch nach individuellen Automobilen, wie sie einst bei Car & Driver gebaut wurden, wird heute von den Marken selbst erfüllt.

Wer ist eigentlich dieser „Classic Driver", dem unsere Marke ihren Namen verdankt?
Ein echter *Classic Driver* ist ein Mensch, der einen anspruchsvollen Lebensstil pflegt. Er lebt Automobilkultur leidenschaftlich, besitzt und bewegt klassische, aber natürlich auch neue Autos. Er ist kultiviert, respektvoll, zurückhaltend, intelligent und an den Hintergründen der Automobilgeschichte interessiert. Der *Classic Driver* erfreut sich aber auch an mechanischen Uhren und zeitlosem Design, er schätzt Qualität und Handwerkskunst, liebt schöne Häuser, gönnt sich von Zeit zu Zeit vielleicht ein gutes Glas Rotwein und eine Zigarre. Er hat seinen eigenen Kopf und sehr individuellen Geschmack, der sich auch in der Wahl jener Objekte spiegelt, mit denen er sich umgibt. Diesem *Classic Driver* möchten wir in seinem von Arbeit und Pflichten geprägten Alltag mit unserer Website, unseren Newslettern, unserem Markt und unserem Magazin, ein wenig Freude bereiten.

Zum 25. Jubiläum von *Classic Driver* noch ein Ausblick: Wird es die Automobilkultur, wie wir sie heute schätzen, auch in Zukunft noch geben?
Jüngere Menschen, die nicht von ihren Eltern zum Thema Automobil hingeführt wurde und dadurch einen emotionalen Bezug haben, haben an Autos immer weniger Interesse. Mit 18 Jahren den Führerschein zu machen, ist nicht mehr das Maß aller Dinge. Autobegeisterung gibt es noch immer – aber sie hat nicht mehr viel mit der Welt zu tun, in die wir vor 40 Jahren mit Car & Driver gestartet sind. Neue Autos werden immer ähnlicher, immer teurer, das wirklich Eigenständige, Spezielle, Individuelle verschwindet. Gleichzeitig rücken bei Sammlern immer jüngere Baujahre in den Fokus– einst waren es Vorkriegsfahrzeuge, heute sind es Sportwagen der 1980er- und 1990er-Jahre, das ist der Lauf der Dinge. Ich persönlich interessiere mich sehr für die letzten analogen Autos, die nicht nur aus Displays bestehen. Ich glaube, dass besondere Autos auch in Zukunft noch eine starke Faszination ausüben werden – schließlich gibt es weltweit immer mehr wohlhabende Menschen, die sich ihr Traumauto leisten können. Diese Leidenschaft ist dann aber nicht mehr von Technik geprägt, es geht vor allem um die Anziehungskraft der Marken, das Design, ihren Lifestyle. Mit *Classic Driver* werden wir auch weiterhin für eine intelligente und respektvolle Automobilkultur einstehen, in der es nicht um Prestige und Protz, sondern um Kennerschaft geht.

Es geht also um Automobile, die man nicht unbedingt auf den ersten Blick erkennt.
Genau. Ein Concours d'Elegance mit den 50 teuersten Ferrari der Welt in einer Reihe lässt mich kalt. Aber wenn ich auf der Straße plötzlich einen Jensen FF oder eine DeTomaso Deauville sehe – also Autos, die von den meisten Menschen gar nicht wahrgenommen und erkannt werden – dann freue ich mich. Ich glaube, dass solche ungewöhnlichen Autos auch zukünftig relevant bleiben werden. Wenn auch nur in einer exklusiven Nische.

In unserer populären Artikelserie „Fünf Autos, die Sie sich diese Woche in die Garage stellen sollten" präsentieren wir wöchentlich die spannendsten Autos aus dem *Classic Driver* Markt. Welche fünf Autos sollten in ihrer „ewigen Classic-Driver-Garage" stehen?
Sicherlich ein Aston Martin Vantage V8 vor 1989 – in Grau mit grünem Leder oder in Grün mit cognacfarbenem Interieur. Dann ein Range Rover Classic der letzten Serie aus den 1990er-Jahren. Und zwar als „Four Door", mit braunem Velours und Soft Dash. Dann ein Bentley Brooklands aus den 2000er-Jahren – diese Form, das Drehmoment, der 6,75-Liter-V8 aus der Zeit vor Volkswagen, das ist noch ein richtiges Auto für mich. Supersportwagen interessieren mich eigentlich nicht, aber den Bugatti EB110 finde ich sehr schön und spannend – gerade mit Blick auf die Zeit, in der er entstanden ist. Und zuletzt ein klassischer Fiat Panda 4x4, der ist als Design-Ikone einfach zeitlos.

HH CO 300

PANDA 4X4 MEET

Pandaliebe beim ersten Classic Driver Panda 4x4 Meet in St. Moritz

Der Fiat Panda 4x4 ist so etwas wie das Wahrzeichen von St. Moritz – wird er doch von Hausfrauen wie Milliardenerben gleichermaßen geliebt. Beim ersten *Classic Driver* Panda 4x4 Meet am letzten Wochenende wurde der winterfeste Allradflitzer nun entsprechend gefeiert.

Text: Jan Baedeker / Fotos: Andrea Klainguti

Alles begann mit einer Idee – für eine Story bei *Classic Driver* wollten wir Panda-Besitzer aus St. Moritz mit ihren Autos fotografieren und befragen, wie der bescheidene Allrad-Fiat im sonst so mondänen St. Moritz zu einem derartigen Kultauto werden konnte. Die ersten Reaktionen waren begeistert – und fast jeder, mit dem wir zwischen Zürich und Mailand sprachen, schien ein eigenes Panda-4x4-Projekt in der Pipeline zu haben. Panda-Liebe lag definitiv in der Luft. Und so taten wir uns mit unseren Freunden von Larusmiani, dem Suvretta House und der Gemeinde St. Moritz zusammen und riefen zum Auftakt der Wintersaison ein kleines, lockeres Panda-Treffen ins Leben.

Schon am Freitagabend war die Pandadichte im Oberengadin gefühlt nochmals etwas höher als gewohnt – und unter die typischen Bündner Kennzeichen mischten sich erste italienische und französische Nummernschilder. Am Samstagnachmittag kamen sie dann alle vor dem von Lord Norman Foster gestalteten Kulm Country Club im Zentrum von St. Moritz zusammen, um gemeinsam auf Giorgetto Giugiaro's kleines Meisterwerk anzustoßen. Man bewunderte liebevoll gepflegte Sondereditionen wie den von Duccio Lopresto aus Mailand nach St. Moritz chauffierten Fiat Panda 4x4 Val d'Isere oder die mit einem Weihnachtsbaum beladene Sisley-Edition des autobegeisterten Mediziners Dr. Christian Knetsch aus Ascona – der mit seinem tarnfarbenen „Camo Panda" übrigens gleich doppelt vertreten war.

Auch unsere Freunde von Larusmiani waren mit einem eigenen Sondermodell angereist: Der Mailänder Autosammler Edoardo Locatelli hatte sich seinen persönlichen „Larus Panda" mit Stoffen aus den Textilfabriken von Larusmiani auskleiden lassen – und selbstverständlich durften auch die zeitgenössischen Rossignol-Skier auf dem Dach nicht fehlen. Auch Panda-Sammler Paolo Ronconi hatte einen wunderbaren grauen Panda 4x4 Limited Edition 5000 in unrestauriertem und verblüffend gut erhaltenem Originalzustand mitgebracht, der sogar noch seine ursprünglichen roten Pirelli-Sitze besitzt und selbstverständlich auf Corfù-Felgen und 160er-Winterreifen über den Malojapass ins Engadin gekommen war. Ronconi berichtete uns, dass er das Auto vor einigen Jahren von seinem Erstbesitzer übernommen hat und seitdem fast täglich bewegt.

Eine echte Perle war auch die perfekt restaurierte Fiat Panda 4x4 Edizione Limitata aus der ersten Serie, die Enrico Rondinelli von Gulfblue aus Bologna mitgebracht hatte. Nach dem Wochenende in St. Moritz macht sich der Wagen auf den Weg zu seinem neuen Besitzer in den USA – wo ein limitierter Panda 4x4 im Originalzustand vermutlich noch seltener ist als ein Ferrari 250 GTO. Wie unglaublich robust und zuverlässig die kleinen Allrad-Pandas sind, rief uns derweil Ottavio Missoni in Erinnerung: Er hatte mit seinem Panda bei der berüchtigten Mongol Rally stolze 10.000 Meilen durch die Wüste zurückgelegt.

Die weiteste Anreise hatte wohl Hadrien Berghmans, den wir mit seinem treuen Panda schon bei den Journées d'Automne getroffen hatten und der auf Achse aus Paris nach St. Moritz gekommen war. Den kürzesten Heimweg hatten derweil Fabian Bartlomé, der seinen Panda von St. Moritz zurück nach Samedan praktisch rollen lassen konnte, und Kreativschneider Silvano Vitalini, der mit dem „Körbchen-Panda" des Gemeindepräsidenten Christian „Jott" Jenny dabei war. Einen Gastauftritt absolvierte auch Bryan Mainente von der Pavarotti Wine Bar St. Moritz mit seinem türkisfarbenen Trademark-Panda – samt „Pandapuppe" auf der Haube und einem Kofferraum voller edler Tropfen.

Punktlich zur Dämmerung setzten sich die Gäste schließlich in Bewegung, um in einer Panda-Parade durchs weihnachtlich beleuchtete St. Moritz Dorf in Richtung des Suvretta House zu fahren. Hier, vor der imposanten Kulisse des legendären Grand Hotels und in direkter Nachbarschaft des globalen Industrieadels, der an der Via Suvretta seine Anwesen pflegt, versammelten sich die Pandas für die Nacht. Gefeiert wurde abends in locker-lustiger Runde im Restaurant Chasellas – mit einem bündnerisch-piemontesischen Menü zu Ehren der italienisch-schweizerischen Automobilfreundschaft. Am Sonntag ging es schließlich nochmals hinauf zum tief verschneiten Berninapass, wo die Pandas auf 2.328 Metern über dem Meer nochmals zeigen konnten, wozu sie gemacht sind, und die Teilnehmer bei hausgemachten Pizzoccheri das Wochenende ausklingen ließen, bevor sie die Rückreise nach Mailand, Zürich und Paris antraten.

gulfblue.it
SO 153971

Panda
LU·173902

Was den „kleinen Bambusbären" im Vergleich zu den gewaltigen Urus, Bentaygas und Cullinans auf den Straßen von St. Moritz so nahbar und sympathisch macht, ist die Tatsache, dass er von bündnerischen Hausfrauen, Landwirten und Skilift-Anreichern ebenso gefahren wird wie von Milliardenerben und Popstars – und man nie genau weiß, wer da gerade an einem vorbeisaust.

Wie schon der klassische Fiat 500 der 1950er- und 1960er-Jahre, der mittlerweile als maßgefertigte Spiaggia- und Jolly-Version zur sommerlichen Grundausstattung der Hautevolée zwischen Cap d'Antibes und Portofino gehört und die Kreativität seiner Besitzer beflügelt, ist der Fiat Panda 4x4 zu einer winterlichen Jetset-Ikone geworden. Was den „kleinen Bambusbären" im Vergleich zu den gewaltigen Urus, Bentaygas und Cullinans auf den Straßen von St. Moritz so nahbar und sympathisch macht, ist die Tatsache, dass er von bündnerischen Hausfrauen, Landwirten und Skilift-Anreichern ebenso gefahren wird wie von Milliardenerben und Popstars – und man nie genau weiß, wer da gerade an einem vorbeisaust. Am Schluss ist es wohl diese spannende Mischung aus unprätentiöser Bodenständigkeit und internationalem Glamour, die auch St. Moritz so einzigartig macht und sich im Kult um den Fiat Panda 4x4 so charmant manifestiert.

Zum Schluss möchten wir uns nochmals herzlich bei allen Teilnehmern sowie unseren Freunden bedanken, die das erste *Classic Driver* Panda Meet ermöglicht haben – allen vorweg Andrea Klainguti, unser Fotograf und Organisator vor Ort, Fabrizio d'Aloisio und Marijana Jakic von St. Moritz Tourismus, Peter Egli, Johannes Hohl und Florian Thöni vom Suvretta House sowie Guglielmo Miani und Alexander von Woellwarth von Larusmiani. Wir würden uns freuen, auch im kommenden Jahr gemeinsam die Wintersaison in Sankt Moritz anklingen zu lassen. Bis dahin: Save the Pandas!

Am Schluss ist es wohl diese spannende Mischung aus unprätentiöser Bodenständigkeit und internationalem Glamour, die auch St. Moritz so einzigartig macht und sich im Kult um den Fiat Panda 4x4 so charmant manifestiert.

4X4 PANDA
CT-597EC
CN-699209

BERLINETTA AERODINAMICA TECNICA

Begegnung der dritten Art mit Bertones mythischen „Batmobilen“

Vom Design-Wunderkind Franco Scaglione für Bertone entworfen, erschütterten die visionären B.A.T. Concept Cars die Automobilkultur der 1950er-Jahre. Phillips zeigt die drei Autos – die zu den großen Designikonen des 20. Jahrhunderts zählen – nun erstmals in London.

Text: Jan Baedeker / Fotos: Tom Shaxson

Besucher des Turiner Automobilsalons des Jahres 1953 erwarteten, die neuesten Serienmodelle von Alfa Romeo, Lancia und Fiat begutachten zu können – doch auf die Überraschung, die sie am Stand des Designstudios Bertone erwartete, waren sie sicherlich nicht vorbereitet. Das verblüffende, dort im Scheinwerferlicht funkelnde Show Car trug den Namen Berlinetta Aerodinamica Tecnica 5 – oder kurz B.A.T. 5 – und basierte auf dem Fahrwerk des barocken Alfa Romeo 1900 SS. Doch ästhetisch stammte es offensichtlich direkt aus der Zukunft: Die Karosserie spannte sich voluminös und mit sinnlichen Kurven über die Technik, an der Front erinnerten eine spitze Nase nebst gewaltigen Lufteinlässen an ein Düsenflugzeug, die ausladenden Flanken verbargen die Räder – und am Heck ragten zwei eindrucksvoll geschwungene Flügel in den Himmel.

Entworfen worden war das futuristische Formenspiel von Bertones kreativem Vordenker Franco Scaglione, der sich ganz offensichtlich von der extravaganten Ästhetik des Jet Age hatte inspirieren lassen, das sich im Amerika der Nachkriegszeit zur dominanten Stilrichtung entwickelt hatte und selbst einfachen Alltagsprodukten spektakuläre, aeronautisch inspirierte Flügel verlieh. Scaglione war es mit dem B.A.T. 5 nicht nur gelungen, den avantgardistischen Düsenjäger-Look mit jenem Feingefühl für Propotionen und Eleganz zu vereinen, für welches die italienische Karosseriebaukultur weltbekannt geworden war. Er hatte der Designstudie auch seinen ganz persönlichen Twist mit auf den Weg gegeben.

B.A.T. 5 bot nicht nur einen atemberaubenden Anblick – das Auto war auch äußerst aerodynamisch. Der Auftrag, den Franco Scaglione von Giuseppe „Nuccio" Bertone erhalten hatte, forderte die Entwicklung einer fortschrittlichen Karosserieform, die einen möglichst niedrigen Strömungswiderstandskoeffizienten aufwies. Schon während der ersten Tests erwies sich die Berlinetta Aerodinamica Tecnica als äußerst windschnittig. Da Bertone nicht über einen Windkanal verfügte, mussten die Ingenieure Wollfäden am Blech befestigen und bei voller Fahrt die Turbulenzen analysieren. Die leichte, stromlinienförmige und vollständig von Hand gebaute Karosserie ermöglichte es dem bescheidenen Zwei-Liter-Motor, Bertones erstes „Batmobil" auf eine beeindruckende Höchstgeschwindigkeit von 200 km/h zu beschleunigen – und damit die schwere Alfa-Romeo-Limousine, aus welcher das Triebwerk stammte, deutlich abzuhängen.

Von Presse und Publikum gleichermaßen gefeiert, folgten auf B.A.T. 5 noch zwei weitere Aerodynamik-Studien namens B.A.T. 7 und B.A.T. 9, die 1954 und 1955 auf dem Turiner Autosalon debütierten und das ursprüngliche Konzept auf eine neue Stufe hoben. Für B.A.T. 7 verbesserte Scaglione seine Rezeptur und machte das Auto nochmals windschnittiger und spektakulärer. Die Nase saß tiefer, die Lufteinlässe waren glatter in den Karosseriekörper einmodeliert, das zentrale Rückgrat stand wie eine Rückenflosse in die Höhe und die beiden Heckflügel waren noch dramatischer geschwungen. Das messbare Resultat war ein Luftwiderstandswert, von dem Designer moderner Sportwagen heute nur träumen können.

Mit B.A.T. 9 schlugen Franco Scaglione und das Team bei Bertone schließlich leisere Töne an. Die dramatische Formensprache der ersten beiden Studien war zugunsten eines seriennäheren Designs relativiert worden. Zudem flossen erstmals klare Stilelemente der aktuellen Designsprache von Alfa Romeo mit ein. Die Nase war glatter und nicht mehr von tiefen Luftkanälen durchfurcht, dafür prangte an der Front der markentypische Alfa-Kühlergrill. Auch die Räder waren nun zumindest teilweise sichtbar und die ausladenen Fledermausflügel waren zu kleinen Finnen heruntergestutzt worden. Das kompromisslose Concept Car von einst hatte sich offensichtlich der Serienproduktion angenähert.

Doch obwohl die Prototypen voll funktionsfähig waren und von den Designern mitunter sogar auf Achse zu ihren Auftritten gefahren wurden, zog Alfa Romeo nie ernsthaft eine Serienversion der futuristischen, aber recht unpraktischen und vor allem äußerst kostspieligen „Batmobile" in Betracht. Nach ihrem Defilée wurden die drei Studien verkauft, um bei Bertone Platz für neue Projekte zu schaffen, und fanden sich bald voneinander getrennt in Amerika wieder. Ihr Zustand verschlechterte sich – B.A.T. 7 verlor sogar seine Flügel und wurde als Rennwagen eingesetzt –, bis sie in den 1980er-Jahren von einem Sammler aus Südkalifornien wieder vereint und bald aufwendig restauriert wurden.

Ihrem geistigen Vater „Nuccio" Bertone hatten die drei Studien derweil dabei geholfen, sein Designstudio als avantgardistische Denkfabrik für die Automobilindustrie weltweit bekannt zu machen und die Bande mit Alfa Romeo zu stärken. Auch

Franco Scaglione entwarf weitere wichtige Autos für die Mailänder Marke – etwa den eleganten Alfa Romeo Giulietta Sprint, den vom Jet Age inspirierten Alfa Romeo Giulietta Sprint Speciale oder den atemberaubend schönen Alfa Romeo Tipo 33 Stradale. Die B.A.T.-Serie gilt jedoch bis heute als Scagliones Opus Magnum.

Rückblickend gehören B.A.T. 5, B.A.T. 7 und B.A.T. 9 zu den mutigsten, kompromisslosesten und futuristischsten Visionen der Automobilgeschichte. Spätestens nach ihren Auftritten beim Pebble Beach Concours d'Elegance in den Jahren 1989 und 2005 sowie Gastspielen bei wichtigen Ausstellungen zum Automobildesign gelten die drei Studien als geheimnisvollstes, begehrenswertestes und wertvollstes Trio klassischer Sammlerautos. Die Tatsache, dass Phillips – als eines der weltweit führenden Auktionshäuser für moderne und zeitgenössische Kunst, Design und Uhren – sich mit einer Ausstellung der drei „Batmobile" in London erstmals der Automobilgeschichte widmet, ist ein weiteres untrügliches Zeichen, dass Franco Scagliones Meisterwerke heute mit den Ikonen und unbestrittenen Meilensteinen der modernen Kunst, Architektur und Gestaltung auf Augenhöhe stehen.

Rückblickend gehören B.A.T. 5, B.A.T. 7 und B.A.T. 9 zu den mutigsten, kompromisslosesten und futuristischsten Visionen der Automobilgeschichte.

Die B.A.T.-Studien markierten einen Wendepunkt in der Automobilgeschichte. Sie änderten von einem Moment auf den anderen die etablierten Spielregeln – ganz ähnlich, wie der Eiffelturm in Paris, das Atomium in Brüssel und Frank Lloyd Wrights Guggenheim Museum in New York die Vorstellung dessen, wie ein Gebäude auszusehen habe, auf den Kopf gestellt hatten. Man kann Bertones automobile Dreifaltigkeit gar mit Pablo Picassos „Les Demoiselles d'Avignon", René Magrittes „Ceci n'est pas une pipe" oder Marcel Duchamps „Fountain" verleichen, die unser Verständnis von Kunst von grundsätzlich neu definierten. Und man kann sie einreihen in die Folge der großen Designklassiker wie Marcel Breuers Wassily Chair, der de Havilland Comet, Marc Newsons Lockheed Lounge und Apples iPhone, die Form und Funktion allesamt so spektakulär in Einklang brachten.

In diesem Sinne blieb der kreative Einfluss der B.A.T.-Studien beileibe nicht auf die Welt des Automobils begrenzt. Sie inspirierten Generationen von Designern und ermutigten kreative Köpfe aus aller Welt, innovativ zu sein, den Status Quo ihrer Disziplinen zu hinterfragen, ihr künstlerisches Potential zu entfalten und ihrer Inspirationskraft die Führung zu überlassen, um einmal mehr das Rad neu zu erfinden.

Man kann Bertones automobile Dreifaltigkeit gar mit Pablo Picassos „Les Demoiselles d'Avignon", René Magrittes „Ceci n'est pas une pipe" oder Marcel Duchamps „Fountain" verleihen, die unser Verständnis von Kunst von grundsätzlich neu definierten.

JÄGERMEISTER

Rennmeister – So haben Sie die Jägermeister-Rennwagen noch nie gesehen

Kurz vor dem 50. Jubiläum von Jägermeister Racing im Jahr 2022 setzt die neue Marke Rennmeister ein ganz neues Schlaglicht auf die ikonischen orangefarbenen Rennwagen. Entwickelt wurde Rennmeister von Jägermeister und CD Works, der Kreativagentur von *Classic Driver*.

Text: Jan Baedeker / Fotos: Stephan Bauer

Seit ihrem Rennstreckendebüt im Jahr 1972 haben die Rennwagen des Jägermeister Racing Teams die Geschichte des Motorsports mitgeschrieben. In leuchtenden orangefarbenen Lack getaucht, mit dem Hubertus-Hirschkopf geschmückt und ausgestattet mit gewaltigen Heckflügeln und Spoilern, gelten die berühmtesten Autos bis heute als Ikonen des Rennsports der 1970er-und 1980er-Jahre. Rennwagen wie der Porsche 911 RSR, der BMW 320 Gruppe 5 oder der Ford Capri RS sind unvergessen – ebenso wie die Fahrer dieser rasanten Ära: Hans-Joachim Stuck, Niki Lauda oder Jochen Mass haben ihren Platz in der Hall of Fame des Rennsports sicher. Drei Jahrzehnte lang fuhren die Jägermeister-Rennwagen überall in Europa – und begeisterten dabei die Fahrer und Zuschauer mit ihrem Anblick, ihrem Sound und ihrer Geschwindigkeit.

Doch damit nicht genug: Mit ihrer mutigen Designsprache, ihrer Leistungsbereitschaft und ihrem kompromisslosen Streben nach Perfektion haben die Autos und Fahrer des Jägermeister Racing Teams einen bleibenden Eindruck hinterlassen. Bis heute sind sie eindrucksvolle Beispiele für avantgardistisches Marketing, authentische Markenentwicklung – und einen Wiedererkennungswert, der Seinesgleichen sucht. Die rasanten Markenbotschafter, die einst als Hingucker die Rennstrecken und Boxengassen dominierten, haben auch einen entscheidenden Einfluss auf den weltweiten Erfolg von Jägermeister gehabt. Und uns ein für alle Mal gelehrt: Orange cars drive faster!

Kurz vor dem 50. Jubiläum von Jägermeister Racing im Jahr 2022 setzt die neue Marke Rennmeister ein ganz neues Schlaglicht auf die ikonischen Rennwagen und ihre Kultur. Statt in ihrer natürlichen Rennstrecken-Umgebung inszeniert Rennmeister die Autos in Nachtclubs, Galerien und ähnlichen Orten urbaner Subkultur. Dabei wird bewusst, dass es sich bei den Rennwagen von Jägermeister Racing nicht nur um höchst funktionale Sportgeräte handelt, sondern auch um faszinierende Skulpturen und dramatische Kunstobjekte auf Rädern. Als Artefakte einer abenteuerlichen und überschwänglichen Epoche des Sports, der Popkultur, der Kunst und des Designs haben die Autos das Potenzial, uns alle zu inspirieren, rebellisch und kompromisslos zu sein, das Unbekannte zu wagen, stets nach Perfektion zu streben – und unterwegs ein paar Regeln selbst zu schreiben.

Entwickelt wurde die neue Marke Rennmeister von Jägermeister in Zusammenarbeit mit CD Works, der Kreativagentur von *Classic Driver*, mit Leidenschaft und viel Freude am Experiment. In diesem Sinne wird Rennmeister mit zeitgenössischen Formen des Storytellings und der visuellen Kommunikation experimentieren, Popup-Events veranstalten und Partnerschaften mit spannenden Künstlern, Kreativen und Marken eingehen. Ziel ist es, einen neuen, unkonventionellen Blick auf die ikonischen Jägermeister-Rennwagen zu werfen und sich von ihnen zu ganz neuen Ideen inspirieren zu lassen. Herzstück dieses spannenden Projekts ist der Instagram-Kanal @rennmeister72, der seine weltweiten Follower mit immer neuen Fotos, Videos und digitalen Kunstwerken überraschen und zur Interaktion animieren wird. Gleichzeitig werden die Grenzen der digitalen Welt bei Rennmeister-Events in ausgesuchten Städten überschritten und neue Möglichkeiten gewährt, mit den Rennwagen von Jägermeister Racing und den Protagonisten von Rennmeister zu interagieren – und die Marke auf ganz neue Art kennenzulernen.

Für den Launch von Rennmeister wurden die drei diesjährigen „Hero Cars" – ein Porsche 911 RSR, ein BMW 320 Gruppe 5 und ein Ford Capri RS – für eine spektakuläre Fotoproduktion im Kraftwerk Berlin inszeniert. Das einstige Kraftwerk gilt wegen seiner monumentalen Proportionen und brutalistischen Anmutung als „Tate Modern von Berlin". Heute dient der eindrucksvolle Industriebau als Schauplatz für Konzerte, Ausstellungen und Lichtinstallationen. Auch der berühmte Techno-Club Tresor befindet sich in den Kellern des Kraftwerks. Im experimentellen Geist von Rennmeister folgte der international gefragte deutsche Fotograf Stephan Bauer den drei Rennwagen auf einer nächtlichen

Jägermeister
Jägermeister
33

Jägermeister
GS TUNING GS
7
Jägermeister
DUNLOP
Jägermeister

GS TUNING GS
Jägermeister
DUNLOP
Jägermeister
Jägermeister

In leuchtenden orangefarbenen Lack getaucht, mit dem Hubertus-Hirschkopf geschmückt und ausgestattet mit gewaltigen Heckflügeln und Spoilern, gelten die berühmtesten Autos bis heute als Ikonen des Rennsports der 1970er- und 1980er-Jahre.

Entdeckungsfahrt durch die Katakomben des Kraftwerks Berlin – und komponierte dabei kraftvolle Bilder voller Licht, Schatten, hoher Kontraste und orange leuchtender Silhouetten.

Der Porsche RSR 3.0 Werksrennwagen ist eine der großen Ikonen von Jägermeister Racing – er hüllt die berühmte Silhouette des Elfers in einen eindrucksvollen Rennanzug. Als BMW 3er auf Steroiden ist dieser Gruppe-5-Rennwagen nicht nur ein echter „Working Class Hero" - er beeindruckt auch mit einer der dramatischsten Karosserien der orangefarbenen Jägermeister- Rennwagen. Und der Ford Kleint-Capri RS 2600 ist ein authentischer, nahbarer und tatsächlich auch straßentauglicher Archetyp der Rallye-Kultur der 1970er-Jahre.

Allzu viel soll noch nicht verraten werden, doch: Das Team von Rennmeister arbeitet hinter den Kulissen bereits mit spannenden Künstlern, Kreativen und Marken zusammen, um das nächste Kapitel in der Geschichte von Jägermeister Racing zu schreiben. Folgen Sie einfach @rennmeister72 bei Instagram, um sich inspirieren zu lassen und keine Neuigkeit zu verpassen.

Das Team von Rennmeister arbeitet hinter den Kulissen bereits mit spannenden Künstlern, Kreativen und Marken zusammen, um das nächste Kapitel in der Geschichte von Jägermeister Racing zu schreiben.

Jägermeister
7

MCLAREN F1

Uncovered at Thirty – die Geburtstagsparty für den McLaren F1

Classic Driver und Kiklo Spaces feierten das 30. Jubiläum des McLaren F1 mit einem Aufgebot von 13 Fahrzeugen und einem Kreis von einflussreichen Persönlichkeiten. „Uncovered at Thirty“ war ein spektakuläres Treffen, das man nicht vergessen wird!

Text: Jan Baedeker / Fotos: Huckleberry Mountain / Mikey Snelgar

Als wir vor über einem Jahr mit der Idee spielten, zusammen mit unseren Freunden von Kiklo Spaces eine Party für das anstehende 30. Jubiläum des McLaren F1 auf die Beine zu stellen, schien die Vorstellung, ein Dutzend Autos in einem Raum auszustellen, ehrgeizig, sogar ein wenig verrückt. Schließlich ist der F1 eines der seltensten und wertvollsten Fahrzeuge der Welt. Aber mit Beharrlichkeit, einer Menge harter Arbeit und dem fantastischen Netzwerk von Chris Vassilopoulos und Luke Rebelo von Kiklo haben wir das Unmögliche möglich gemacht. Wir haben sogar unser angedachtes Ziel von zwölf Autos übertroffen, als Renningenieur Adrian Newey in seinem McLaren F1 GTR in Papaya Orange dem strömenden Regen zum Trotz vorfuhr und uns damit für die Geburtstagsparty die Glückszahl 13 und eine imposante Sammlung von Straßen- und Rennwagen bescherte!

Die fünf straßenzugelassenen Autos, fünf GTR und drei GTR Longtail, die in Kiklos großartiger, komplett weißer und eher einer Galerie ähnelnden Garage aufgereiht waren, erlaubten den eingeladenen Gästen, die Evolution des McLaren F1 von der Straße zur Rennstrecke eingehend zu studieren – eine Erfolgsstory, die 1995 vom Gesamtsieg bei den 24 Stunden von Le Mans gekrönt wurde. Und obwohl die ikonischen Farben der beiden Gulf-Autos, der GTR im Look von Harrods und Ueno Clinic, das Art Car des französischen Künstlers César und der flippige, liebevoll „Swiggles“ genannte Longtail im Rampenlicht standen, fiel auf, dass sich viele Gäste über die subtilen Unterschiede der Straßenwagen austauschten. Auf die Frage nach dem Lieblingsauto dieser Show nannten viele der Gäste das Chassis 043 – eines der originellsten straßentauglichen Exemplare in einem eleganten Zweiton-Schema, inspiriert von dem Ueno Clinic GTR Chassis 01R.

Wir waren natürlich entzückt, dass so viele Autos zu unserer Feier anreisten, aber es hat uns noch mehr Freude bereitet, dass sehr viele Persönlichkeiten, die wesentlichen Anteil an der Geschichte des McLaren F1 hatten, ihre schönsten Erinnerungen und Anekdoten mit uns teilten. Moderiert von *Classic Driver* CEO J.P. Rathgen, trafen sich zu unserem Podiumsgespräch Größen wie die Motorsportlegende Derek Bell, der McLaren-F1-Designer Peter Stephens, McLarens früherer kaufmännischer Direktor David Clark, Autojournalist Andrew Frankel und Paul Lazante, der sein Kokusai Kaihatsu Racing Team 1995 zum Gesamtsieg in Le Mans führte. Viele der Begebenheiten, die sich quasi hinter den Kulissen ereigneten, sollten natürlich den Raum, in dem sie erzählt wurden, nicht verlassen, aber einige der besonders vergnüglichen Erinnerungen wollen wir Ihnen nicht vorenthalten. Derek Bell scherzte über die Schwierigkeiten, die sein Sohn Jason hatte, ihn von einer Rückkehr nach Le Mans zu überzeugen. Paul Lazante spekulierte, dass David Clark, als genialer Verkaufsstratege, der er ist, lässig eine Reihe von ehrgeizigen Rivalen erfand, während er ihm zuredete, das McLaren F1-Rennteam zu gründen.

Die meisten Lacher hatte allerdings Paul Stevens, als er sich an die kulturellen Unterschiede während der Entwicklung des F1 erinnerte. Zu den Highlights gehörte die Anekdote mit einem italienischen Zöllner, der den Tonmodell-Prototypen des sonderangefertigten Gepäcks in zwei Teile schneiden wollte – bis Paul ihm erklärte, dass sie unterwegs zur Ledermanufaktur Schedoni in Modena waren und dabei das Zauberwort „Ferrari“ fallen ließ. Einmal bot man einem japanischen Kunden eine sonderangefertigte Tasche an, als dieser eine Bemerkung über seine vielen „Golf Clubs“ machte. Dann wurde klar, dass der Kunde sich nicht auf die Schläger (engl. „clubs“), sondern auf die zahlreichen, ihm gehörenden Golfplätze bezog.

Aber damit war die Party noch lange nicht vorbei. Paul und David führten die Gäste ein paar Schritte zurück zu den Motorsport-Anfängen des McLaren F1, die sich in einer Garage nebenan befand: Dort starteten sie den Motor eines ehemaligen Senna-McLaren MP4/6 F1-Rennwagen, der mit ohrenbetäubendem Getöse zum Leben erweckt wurde. Nach diesem Nervenkitzel hatten die Gäste die Möglichkeit, entweder zu den faszinierenden Autos

F1 JOY

Paul Lazante spekulierte, dass David Clark als genialer Verkaufsstratege lässig eine Reihe von ehrgeizigen Rivalen entwarf, während er ihm zuredete, das McLaren F1-Rennteam gründen zu wollen.

zurückzukehren oder Kiklos Schatz an Automobilia zu studieren. Chris und Luke haben schließlich eine der bemerkenswertesten Sammlungen an Devotionalien rund um den McLaren F1 zusammengetragen, die wir kennen, darunter beeindruckende Dokumente und wichtige Artefakte aus der Historie des F1. Fraglos von höchster historischer Bedeutung ist der McLaren MP4/4, den Ayrton Senna in der Saison 1988 pilotierte. Übrigens dasselbe Jahr, in dem Gordon Murray und Ron Dennis während eines verspäteten Fluges in Italien den Plan aushegten, einen Straßenwagen zu entwickeln. Begeistert waren wir auch von den vielen historischen Sammlerstücken wie dem original F1-Gepäck, der Werkzeugrolle und einem ungebrauchten Reinigungsset für den japanischen Markt, die Owner's Edition der TAG Heuer F1-Uhr, der Briefwechsel zwischen Ron Dennis und Ray Bellm und ein originaler Kaufbeleg mit einem so niedrigen Preis, dass es schmerzt (ja, das wäre ein gutes Investment gewesen).

Um diesen Abend zu würdigen haben sich *Classic Driver* und Kiklo Spaces mit George Bamford von Bamford London zusammengetan, um eine limitierte, retro-futuristische Uhr als Memento zu entwickeln. Der Bamford B347 „Uncovered at Thirty" Automatic Monopusher Chronograph hat ein Zifferblatt im Karbon-Stil mit Unteranzeigen, die an die berühmte Armaturentafel des McLaren F1 erinnern, einen goldenen Monopusher, der von der berühmten Auspuffabdeckung inspiriert wurde und ein Titangehäuse mit individualisierter Gravur. Nur fünf Uhren wurden gefertigt und exklusiv an die Gäste von „Uncovered at Thirty" verkauft.

Wir waren natürlich entzückt, dass so viele Autos zu unserer Feier anreisten, aber es hat uns noch mehr Freude bereitet, dass sehr viele Persönlichkeiten, die wesentlichen Anteil an der Geschichte des McLaren F1 hatten, ihre schönsten Erinnerungen und Anekdoten mit uns teilten.

Wir hätten nur zu gern die ganze Nacht geplaudert und gefeiert, aber als zwei der McLaren F1 GTR ihre donnernden Triebwerke zündeten, um die Heimfahrt anzutreten, merkten wir, dass sich diese Party dem Ende zuneigte. Was den Abgang betrifft, geht der Hauptpreis an Adrian Newey und seinen Mitfahrer Harry Hunt: Newey driftete im Motorsport-Stil in den Regen hinein und ließ uns beeindruckt, beglückt und dankbar für einen Abend zurück, den wir so schnell nicht vergessen werden.

M66 MCL

ASTON MARTIN DB11

Der Aston Martin DB11 Classic Driver Edition – ein Grund zum Feiern

Zum 20-jährigen Jubiläum bringt *Classic Driver* gemeinsam mit Aston Martins Individualisierungsabteilung Q einen auf 20 Exemplare limitierten und von Hand gefertigten Grand Tourer heraus: den Aston Martin DB11 Classic Driver Edition.

Text: Jan Baedeker / Fotos: Mathieu Bonnevie / Rob Cooper / Tom Shaxson

Die Automatisierung mag die Automobilindustrie revolutioniert haben – doch was wirklich maßgeschneiderte Autos angeht, sind Kunsthandwerker ihren Roboterkollegen noch weit voraus. So ist der Aston Martin DB11 *Classic Driver* Edition vor allem ein Statement für den Wert menschlicher Handwerkskunst.

Für uns bei *Classic Driver* war Aston Martin schon immer der heilige Gral der automobilen Welt. Keine andere Firma hat Sportwagen produziert, die so elegant und subtil, gleichzeitig aber auch so kraftvoll und rennsportlich erfolgreich waren, wie die legendäre englische Marke in ihrer mehr als 100-jährigen Geschichte. Und während Aston Martin auf ein gewaltiges Erbe zurückblickt, ist die Markenphilosophie doch von großem Innovationsgeist getrieben. So baut Aston Martin einige der fortschrittlichsten Sportwagen und Grand Tourer unserer Zeit und gestaltet auch die Zukunft der Mobilität aktiv mit. Gleichzeitig weiß man in Gaydon um den Wert menschlicher Handwerkskunst, der vor allem in den Projekten der Individualisierungsabteilung Q by Aston Martin, die so gut wie jeden automobilen Wunsch erfüllt, eindrucksvoll zur Schau gestellt wird.

Da auch wir bei *Classic Driver* unsere Leidenschaft für seltene, handgebaute und leistungsstarke Autos in den letzten Jahren kultiviert und immer weiter entwickelt haben, erschien uns die Zusammenarbeit mit Q by Aston Martin, um unseren 20. Geburtstag mit einem limitierten Jubiläumsauto zu feiern, von Anfang an als perfekte Kombination. Und da wir schon immer eine Schwäche für Aston Martins leichtere V8-Modelle hatten, entschieden wir uns schon bald für das neue und besonders agile GT-Flaggschiff, den Aston Martin DB11 V8 als Coupé und Volante.

Inspiriert von den Farben, Ausstattungen und Details zahlreicher Autos und Objekte aus unserer Firmengeschichte, entwickelte unser Designer Benjamin Knapp Voith bald die ersten Mood Boards, die den Geist von *Classic Driver* visuell ersichtlich machen sollten. Bei einem ersten Design Workshop mit dem Team von Aston Martin Q in Gaydon wurden die zahlreichen Ideen gemeinsam auf jene Elemente heruntergebrochen, die am besten zum Auto und dem Anlass unseres Jubiläums passten.

„Eine der schönen Begebenheiten dieses Projektes war es, dass *Classic Driver* eine ganz konkrete Vorstellung davon hatte, was das Auto repräsentieren sollte", erinnert sich Robert Lihou, der bei Aston Martin Q als Designer für Colour & Trim verantwortlich ist. „Es feiert Höhepunkte der Vergangenheit, das Beste der Gegenwart, und es blickt voraus in die Zukunft."

Basierend auf Aston Martins klassischem Farbton Charcoal Grey – einer Farbe, die schon den einstigen Aston Martin DB6 Mk II unseres Herausgebers zierte und sich später auch auf seinem Aston Martin Vantage V550 wiederfand, der bei der Gründung von *Classic Driver* als Inspiration für unsere Firmenfarben diente – entwickelte das Designteam einen neuen Grauton. Die auf den Namen „Classic Driver Grey" getaufte Farbe hatte die Tiefe und den Glanz des historischen Vorbilds, erhielt jedoch einen modernen Twist, indem dem Lack mikroskopische Perlen beigemischt wurden, die im Sonnenlicht für einen subtilen grünen Glanzeffekt sorgen. Um das beste Ergebnis zu erzielen, musste die komplexe Farbe jedoch von Hand auf der Karosserie aufgetragen werden.

„Jedes Auto wird von uns einzeln von Hand lackiert, was den einzelnen Exemplaren eine individuelle Note verleiht", sagt Richard Bosworth, der als Farbindustrialisierungsfachmann bei Aston Martins Lacktechnologiezulieferer Akzo Nobel tätig ist. „Wir haben versucht, ein recht flaches Grau zu entwickeln, aber moderne Perlpigmente in Grün, Gelb und Weiß untergemischt, die gemeinsam einen interessanten Effekt erzielen. Zusammen mit dem Interieur wird das Auto umwerfend aussehen."

Nachdem es die Lackiererei verlassen hatte und einen weiteren Tag lang von Hand poliert worden war, wurde unser erstes Coupé zum Fertigungsband transportiert, wo es in 48 Stunden und an 34 Arbeitsstationen zusammengesetzt wurde. Anschnallgurte, Teppiche, Türen und Dachteile, Scheiben, Front- und Heckleuchten, Stoßstangen und Schweller wurden von den erfahrenen Arbeitern in zwei Tages- und zwei Nachtschichten zusammengesetzt.

Seit *Classic Driver* vor 20 Jahren online gegangen ist, pflegen wir ein dunkles Grün als unsere Markenfarbe. So lag es auf der Hand, aus dem Lederportfolio von Q by Aston Martin das moderne Eifel Green für die Ausstattung des Innenraums zu verwenden.

Auf halber Strecke läuteten die Hochzeitsglocken und die Karosserie wurde mit dem Motor „vermählt". Der 4,0-Liter-Biturbo-V8 ist 100 Kilogramm leichter als der V12, bringt aber eindrucksvolle 503 PS Leistung und 675 Nm Drehmoment auf die Straße. Nachdem es zum ersten Mal aufgetankt wurde, erreichte unser Auto die Teststationen am Ende der Fertigungsstrecke, wo der Motor zum ersten Mal gestartet wurde und den industriellen Soundtrack der Fabrikhalle für einen Moment mit seinem animalischen Brüllen unterbrach.

Seit *Classic Driver* vor 20 Jahren online gegangen ist, pflegen wir ein dunkles Grün als unsere Markenfarbe. So lag es auf der Hand, aus dem Lederportfolio von Q by Aston Martin das moderne Eifel Green für die Ausstattung des Innenraums zu verwenden. In Fortführung klassischer Aston-Martin-Cockpits entschieden wir uns gegen ein modisches Brogue-Muster und für eine schlichte, aber umso elegantere Sitzgestaltung. Nur unser Logo wurde von den Kunsthandwerkern in Aston Martins Lederei im passenden Farbton Parliament Green – und mit faszinierend ruhiger Hand – eingestickt. Als besondere Referenz an eine in den 1960er-Jahren beliebte Option entschieden wir uns zudem, die Mittelkonsole im Grauton der Karosserie lackieren zu lassen.

Außen führten wir die grün-graue Farbkombination ebenfalls fort und entschieden uns für ein exklusives Carbonfaser-Designpaket für den Frontspolier, die Seitenschweller, den Heckdiffusor und die Radabdeckungen. Lackiert in mattem Eifelgrün verleihen die Elemente dem Auto einen wirklich besonderen Charakter – und man muss auf der Straße schon zweimal hinsehen, um wirklich zu begreifen, wodurch dieser Effekt zustande kommt.

„Meiner Ansicht nach war unsere Zusammenarbeit die perfekte Möglichkeit, um 20 Jahre *Classic Driver* mit 20 besonderen Autos zu feiern", findet schließlich auch Aston Martins CEO und Präsident Andy Palmer, als unser erstes Auto in Richtung der letzten Stationen rollt, wo es zum Abschluss das geflügelte Aston-Martin-Logo sowie Jubiläumsplaketten von *Classic Driver* erhält. „Ich wüsste keine schönere Art, um Happy Birthday zu sagen." Dem können wir nur zustimmen!

ASTON MARTIN
ASTON MARTIN

„Ich wüsste keine schönere Art, um Happy Birthday zu sagen." Dem können wir nur zustimmen!

ABOUT US

Alexander Knapp Voith

Firmengründer, Unternehmer und Archetyp des *Classic Driver*, auch bekannt als AKV. Bevor er *Classic Driver* im Jahr 1998 ins Leben rief, hatte er bereits seit 1983 mit seiner Firma Car & Driver neue Maßstäbe für die Individualisierung von Luxusautos gesetzt und 1991 mit einem Glaspalast für Aston Martin, Lagonda, Bentley und Rolls-Royce den Automobilhandel neu erfunden.

Benjamin Knapp Voith

Leitender Designer und Stratege, auch bekannt als BKV. Ben wuchs unter den seltensten Sammlerautos auf, absolvierte das renommierte Art Center College of Design in Pasadena und arbeitete als Automobildesigner für zahlreiche angesehene Marken wie Audi, Bentley und Ford. Er ist der Gründer der Sammlerauto-Parkgaragenfirma Trust Park und lebt in London.

J. Philip Rathgen

Firmenchef und extravaganter Frontmann von *Classic Driver*, auch bekannt als JP. Philip ist von Natur aus nordisch und ein renommierter und gut vernetzter Autoklassiker- und Uhrenexperte, Talkshow-Moderator, Journalist und Juror bei Weltklasse-Concours-Veranstaltungen. Gemeinsam mit BMW Classic präsentiert Philip den beliebten Podcast „Classic Heart“. Er arbeitet seit 2001 für *Classic Driver* und lebt in Zürich.

Jan Karl Baedeker

Creative Director und Chefredakteur, verantwortlich für Marke, Inhalte und Kuration. Jan wurde in eine Familie von Reiseführerverlegern hineingeboren und hat einen Abschluss in Medienwissenschaften, Kulturanthropologie und visueller Kommunikation. Als Journalist ist er auf Autokultur, Reise und Design spezialisiert. Er hat mehrere Bestseller geschrieben, darunter *Fast Forward – The Future of Cars*, *The Cars of the Future* und *Porsche Unseen*. Jan kam 2001 zu *Classic Driver*. Er lebt in Zürich.

Elliot Newton

Redakteur, Spezialist für digitales Marketing und Social-Media-Manager. Elliot hat Fotografie studiert, ist Gründer des einflussreichen Instagram-Kanals „Green over Tan“ und ein begnadeter Content Creator. Viele der Geschichten, Fotostrecken und Reels, die Sie auf den Kanälen von *Classic Driver* sehen, wurden von ihm kuratiert. Elliot lebt in Cardiff.

Mikey Snelgar

Editor-at-Large. Mikey hat einen Abschluss in Wirtschaftswissenschaften und ist ein professioneller und sehr sachkundiger Automobiljournalist und Fotograf. Mikey arbeitet seit 2021 für *Classic Driver* und produziert viele der Reportagen, die Sie täglich in unserem Magazin und in unseren Newslettern lesen können. Er lebt in London und Südafrika.

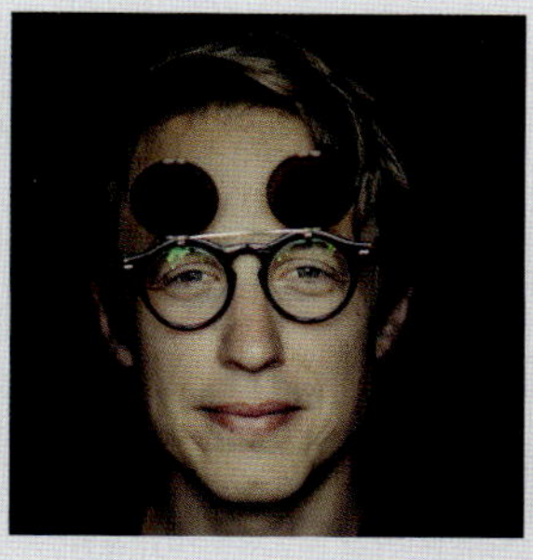

Błażej Żuławski

Special Operations und New Business Executive. Błażej wurde in eine Familie von Künstlern und Filmemachern hineingeboren, hat einen Abschluss in Kameraführung und Filmproduktion und arbeitete als Journalist, Fotograf und Content-Stratege. Er stieß 2021 zu *Classic Driver* und arbeitet bereichsübergreifend zwischen Redaktion und Vertrieb und leitet unsere hauseigene Kreativagentur CD Works. Błażej lebt in Marbella.

Rémi Dargegen

Rémi, bekannt als „Das Auge von *Classic Driver*", ist ein begabter, leidenschaftlicher und sachkundiger Automobilfotograf. Im Jahr 2014 gab Rémi seinen Marketingjob bei einem großen Automobilhersteller auf, um sich voll und ganz seiner Leidenschaft für Autoklassiker zu widmen. Seitdem fotografiert er für *Classic Driver* die schönsten Autos und Events der Welt in seinem höchst künstlerischen Stil. Rémi lebt in Paris und in der Schweiz.

Simon de Burton

Simon ist ein hochgeschätzter Journalist und Autor, dessen Artikel über Sammlerautos, Motorräder, Boote, Uhren und Luxus-Lifestyle in führenden Publikationen wie dem „How To Spend It"-Magazin der *Financial Times*, *Vanity Fair* und *GQ* erscheinen. Simon schreibt seit mehr als einem Jahrzehnt regelmäßig für *Classic Driver* und gilt als Kernmitglied des CD-Teams. Simon lebt in South Devon.

Tom Shaxson

Tom ist in Sussex in der Nähe des Goodwood Motor Circuit aufgewachsen und konnte sich schon in jungen Jahren voll und ganz seiner Leidenschaft für Automobile widmen. Als talentierter Automobil- und Lifestyle-Fotograf mit einem großen Gespür für Menschen und kunstvolle Kompositionen hat Tom im letzten Jahrzehnt viele der charakteristischen Reportagen von *Classic Driver* fotografiert.

Ein besonderer Dank ...
Zuallererst möchten wir der gesamten *Classic Driver*-Crew dafür danken, dass sie unsere Maschine so lange Jahre gut geölt am Laufen gehalten hat – André Scheuermann und Mathieu Magara vom Verkaufsteam, Kiran Joshi und Suresh Nagarkoti von der IT-Abteilung sowie unserem CFO Attila Polgar und unserem Vorsitzender Markus Schad Müller. Ein besonderer Dank geht an alle ehemaligen Mitglieder des Redaktionsteams und regelmäßigen Mitarbeiter, die uns über die Jahre hinweg unterstützt und dazu beigetragen haben, *Classic Driver* zu dem zu machen, was es heute ist: James Bannister, Stephan Bauer, Mathieu Bonnevie, Joe Breeze, Ariane Budniewski, Lianna Bruhlmann, George Chapman, Rob Cooper, Alex Easthope, Alexandra Felts, Amy Heynes, Tim Hutton, Thomas Imhof, Sven Jürisch, Andrea Klainguti, Kai Klinke, Daniel H. Lackey, Alex Lawrence, Andrea Luzardi, Grisha Morgenstern, Huckleberry Mountain, Mathias Paulokat, Étienne Raynaud, Jan-Christian Richter, Moritz Ruppert, Tassilo Speler, Steve Wakefield, Charis Whitcombe, Constantin Wiederin und alle anderen kreativen und talentierten Menschen, die in den letzten 25 Jahren zu *Classic Driver* beigetragen haben. Im Gedenken an Gabriele Förthmann und Maik Stahl.

BILDNACHWEIS UND ERSCHEINUNGSDATEN

IMPRESSUM

1. Auflage
ISBN 978-3-667-12748-8

Herausgeber
Jan Karl Baedeker, J. Philip Rathgen

Layout, Einbandgestaltung, Satz, Lithografie:
Michael Dorn

Lektorat:
Hanno Vienken

Druck
Firmengruppe Appl – aprinta druck, Wemding

Printed in Germany 2023

Bibliografische Information der Deutschen Nationalbibliothek
Die Deutsche Nationalbibliothek verzeichnet diese Publikation in der Deutschen Nationalbibliografie; detaillierte bibliografische Daten sind im Internet über http://dnb.dnb.de abrufbar.

Delius Klasing Verlag GmbH,
Siekerwall 21, D - 33602 Bielefeld
Telefon (0521) 55 99 00
Telefax (0521) 55 99 01
E-Mail: info@delius-klasing.de
www.delius-klasing.de